90分で実感できる
微分積分の考え方

宮本次郎

SB Creative

はじめに

　この地球の上ではいろいろな国で多くの子どもたちが勉強をしています。それぞれの国で算数・数学の時間に勉強する内容を決めています。日本でいうと高校までの数学の勉強、難しく言うと後期中等教育における数学、の目標となっているのが「微分積分」です。日本ではほとんどすべての子どもたちが高校で数学を勉強しています。

　世界中でできるだけ多くの子どもたちに勉強してほしい内容の最終目標が「微分積分」ということになりますね。それほど魅力的な内容なんですね。この本の目標は、この「微分積分」というものが、自分の身近のどういう現象に関係して現れてきて、それがわかるとどういうことが出来るのだろうかということを、できるだけやさしく書いてみたいということです。

　この本を読むうえで必要な知識は、そんなに多くありません。一番大切なことは、「微分積分」ってどんなものだか少しでも知りたいなぁという「好奇心」でしょうか。小学校で勉強した「速さと時間と移動距離」の関係から出発しますが、それが完全にわからなくても読み進めることが出来るのではないでしょうか。必要な考え方は、できるだけその場で説明をしています。途中で、高校で

勉強する「対数」が登場しますが、拙著『おもしろいほどよくわかる高校数学　関数編』の該当部分をちょっと読んでいただければなんとかなると思います。

　私自身もいろいろな学校のいろいろな高校生とこの「微分・積分」をいっしょに勉強してきましたが、その考え方については多くの生徒に理解してもらえてきたと考えています。

　ひょっとすると、この本に書かれている内容は、学校の授業とは少し違う雰囲気が漂っているかもしれません。学校の授業みたいに、姿勢を正してじっと我慢していることはありません。寝っ転がって鼻歌まじりに読み流してもらえばいいと思います。ただ、この本では、本当は読者のみなさんに実際にやってもらいたいことをたくさん書きました。定規で接線引いて傾きを測ったり、表を作って方眼紙に点をとってみたり、あるいは、スマートフォンを持って電車に乗って速度を測定したり……。そういうところを実際にやってみるのが、一番の読者のみなさんへのプレゼントになるのだと思っています。

　教科書に載っているような練習問題は解けなくても、「微分・積分」の考え方については、学校の授業よりも深く分かってもらえるように書いたつもりです。

　この本を読んで、数学っておもしろいかも……と思ってくださる方が一人でも多くなることを願っています。

2016年9月　宮本次郎

CONTENTS

90分で実感できる微分積分の考え方

はじめに ……………………………………………………… 2

第1章 列車ダイヤから見えること …… 7
1.1 変化の仕方を調べたい ……………………… 8
1.2 時刻表と列車ダイヤから始めよう ………… 8
1.3 列車ダイヤから見えてくること …………… 11
1.4 直線の傾きを比較するには ………………… 12
1.5 直線の傾きが意味するもの ………………… 15
1.6 列車ダイヤに見える傾きの違い …………… 17
1.7 速さを調べて表・グラフにしてみよう …… 20
1.8 速さは刻々と変化する ……………………… 22

第2章 速さが変化する運動を調べよう「微分する」 …… 23
2.1 斜面を転がる鉄球の運動 …………………… 24
　まずは実験してみる ……………………………… 24
　実験データは表にまとめる ……………………… 25
　x^2に比例する …………………………………… 27
　$y=x^2$のグラフは ………………………………… 28
2.2 速度が変化する運動を調べよう …………… 31
　斜面を転がる鉄球の瞬間の速さ ………………… 31
　「時刻―距離」のグラフと
　瞬間の速さの関係を調べよう …………………… 34
　曲線の傾きとは …………………………………… 35
　「時刻―距離」グラフから速さを測定しよう … 37

第3章 微分の法則 …… 43
3.1 対数目盛りと対数方眼紙 …………………… 44

ふつうの目盛り 44
　　　対数目盛り 45
　　　対数目盛りの方眼紙 47
3.2 関数$y=x^3$を微分しよう 53
3.3 関数$y=x^4$を微分しよう 65
3.4 微分の結果は 74
3.5 微分の正式な書き方 77
3.6 関数と微分の意味 79
　　　関数のたし算 80
　　　関数のk倍 83
3.7 微分係数 85

第4章　微分の応用 89

4.1 増えているか・減っているかを調べよう 90
4.2 グラフの形がわかってしまう 96
4.3 微分の応用　最大・最小 104
　　　のりしろが一辺1cmの正方形であるとき 107
　　　のりしろが一辺2cmの正方形であるとき 107
4.4 極値 113
4.5 接線 114

第5章　積分とは 115

5.1 道のり・速さ・時間の関係 116
5.2 速さと時間から距離を求める 117
5.3 速さが変化しても速さと時間から現在地がわかるか? 119
5.4 斜面を転がる鉄球の落下距離 128
5.5 $v=t^2$のとき 131

CONTENTS

- **5.6** $v=t$ のときの移動距離を求めよう ······ 134
- **5.7** $v=t^2$ のときの移動距離 ······ 138
- **5.8** 微分の考え方、積分の考え方 ······ 145

第6章　積分法 ······ 147

- **6.1** 「時間—距離」グラフと「時間—速さ」グラフ ······ 148
- **6.2** 「速さと時間」を離れると ······ 149
- **6.3** もっと簡単に積分するには ······ 154
- **6.4** 積分の簡単な計算の仕方 ······ 157
- **6.5** 微分と積分 ······ 159
- **6.6** 応用 ······ 163
  - 円の面積 ······ 163
  - 球の体積 ······ 164
  - 球の表面積 ······ 166
  - 錐体の体積 ······ 166
  - 一般の関数のグラフで囲まれる図形の面積 ······ 168
- **6.7** まとめ ······ 172

索引 ······ 173

著者紹介 ······ 174
参考文献 ······ 174

第1章
列車ダイヤから見えること

　「微分・積分」などと聞くと、ずいぶん難しそうな印象がありますが、そんなことはありません。この本で説明する「微分・積分」の内容は、私たちの身のまわりに起こる事柄を題材にしています。
　列車の運行ダイヤグラムを用いて列車の走行時間と速さと移動距離の関係を考えてみたいと思います。

変化の仕方を調べたい

　私たちの身のまわりには、変化するものがたくさんあります。たとえば、気圧配置の移り変わりから天気を予想するように、変化の仕方がわかると、次になにが起こるかが予測できるようになります。また、変化の仕方の原因を探ることで、起こった事柄の本質に迫ることができるかもしれません。

　そうした変化するものを記述するために考えられたのが、**関数**です。たとえば、斜面を転がる鉄球の運動は、**2次関数**で記述できます。バクテリアの増殖の様子は、**指数関数**や**対数関数**で記述できるようになりました。また、円運動を正確に記述するために、**三角関数**が考えられました（くわしくは本書の姉妹編である『おもしろいほどよくわかる高校数学　関数編』をご覧ください）。

　いろいろな現象の変化の本質を反映させたさまざまな関数が考えられてきました。この本では、それらの関数の個性を超えて、共通して利用できる分析の方法を考えてみたいと思います。

時刻表と列車ダイヤから始めよう

　国内で中・長距離の旅行をするときは、新幹線を利用することが多いと思います。新幹線に乗ろうとすると、まず時刻表を調べますよね。

　時刻表の左側には、駅の名前が並んでいます。そして、ふつうは列車ごとの各駅の発車時刻が示されています。乗車区間の距離で乗車券の運賃が決まるので、時刻表には「営業キロ」が示され

第1章 列車ダイヤから見えること

駅　名	営業キロ(km)	はやぶさ4号	やまびこ122号
新青森	0	06：17	
八戸	81.8	06：41	
盛岡	178.4	07：11	06：31
新花巻	213.7	↓	06：44
北上	226.2	↓	06：51
水沢江刺	243.6	↓	07：00
一関	268.6	↓	07：10
くりこま高原	297.5	↓	07：19
古川	318.7	↓	07：28
仙台	361.9	07：50	07：42
福島	440.9	↓	08：06
大宮	683.4	09：00	09：13
上野	710.3	↓	↓
東京	713.9	09：23	09：35

表1　東北新幹線時刻表(上り)の例

ているものがあります。営業キロは、始発駅からの乗車距離です。

　表1のような時刻表を見ると、乗車駅からどの列車が何時に発車して、目的駅に何時に到着するかがわかります。

　仮に、盛岡から東京へ向かうとしましょう。時刻表では**はやぶさ4号**と**やまびこ122号**を見比べてみると、はやぶさ4号は盛岡駅を40分も遅く発車するのに、東京駅には10分以上早く到着します。はやぶさ4号は、途中のどこかでやまびこ122号を追い抜くのでしょうね。

　このままでは、発車時刻と到着時刻の比較しかできませんが、これをグラフにして**見える化**すると、どうなるでしょう。

　横軸に時刻をとり、縦軸に新青森駅からの営業キロをとって、時刻表をグラフにしてみましょう。

　図1には、表1の2つの上り列車だけでなく、同じ時間帯に運

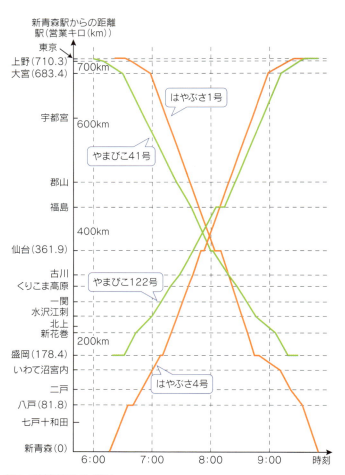

図1 列車運行ダイヤグラム

行されている東北新幹線の下り列車2つも書き入れてあります。このようにしてできたグラフのことを、**列車運行ダイヤグラム**（略して列車ダイヤ）といいます。

実際の列車ダイヤには、運行されるすべての列車が書き込まれるわけですが、ここでは4つの列車だけを取り上げます。

列車ダイヤから見えてくること

　図1のように列車ダイヤをグラフ化してみると、時刻表ではわからなかったことが見えてきます。

　たとえば、はやぶさ4号は盛岡駅を出発すると仙台駅までノンストップで走行します。途中駅の通過時刻の情報は、時刻表からはなにも得られません。しかし図1を見ると、おおよその通過時刻がわかるのです。盛岡と仙台の中間ぐらいのところに、世界遺産に指定された平泉があります。この平泉の風景を列車の窓から見ることができるのは、7時30分ごろになることがわかります。

　また、はやぶさ4号とやまびこ122号の位置関係もわかります。盛岡駅を発車する時刻は、はやぶさ4号のほうが40分も遅いのですが、東京駅にははやぶさ4号が12分早く到着します。同じ線路を走るのだから、はやぶさ4号はどこかでやまびこ122号を追い越すはずです。図1を見ると、福島駅で追い越すことがわかるでしょう。

　さらに、2つの列車の運行を表すグラフを比較すると、やまびこ122号のグラフの傾きが、はやぶさ4号のグラフよりもゆるやかであることに気がつきます。そして、このグラフの傾きに着目すると、大宮駅から東京駅までの間は、どちらの列車もそれまでと比べて傾きがゆるやかになっています。

　下り列車と比べると、上り列車が右上がりの線であるのに対して、下り列車は右下がりになっていますね。

直線の傾きを比較するには

図2のように、2つのグラフが並べて描かれていれば、傾きの違いは見るだけでわかります。

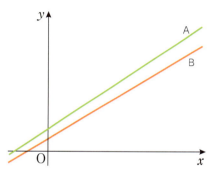

図2　傾きの比較①

図3は、図2を個別のグラフとして描いたものです。こうすると、どちらの傾きが急であるかはすぐにわかりません

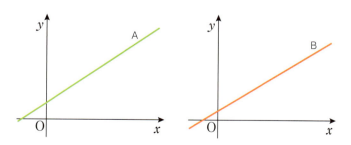

図3　傾きの比較②

そこで、どちらのグラフがより傾いているか、数値化することで比較できるようにしてみましょう。

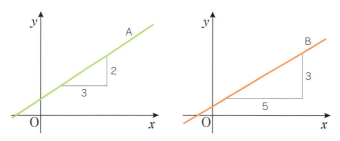

図4　傾きの比較③

2つの直線の傾きを比較するために、直線の横軸方向と縦軸方向の変化を調べてみます（図4）。その結果、左のグラフAは、横軸方向3に対して縦軸方向2の変化をするような傾きの直線でした。また右のグラフBは、横軸方向5に対して縦軸方向3の変化をするような傾きの直線でした。

この2つの直線の傾き方を直接比較できるようにするために、横軸方向を1にそろえてみましょう。

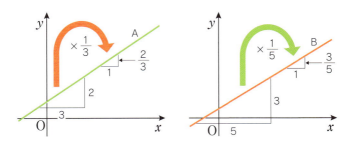

図5　傾きの数値化

すると、左のグラフAでは、横軸方向1に対して縦軸方向は $\frac{2}{3} = 0.66\cdots$ 上がります。右のグラフBでは、横軸方向1に対して縦軸方向は $\frac{3}{5} = 0.6$ 上がります。この結果、同じ横軸方向1の動きに対して、縦軸方向の動きが大きいAのほうが、傾きぐあいも大きいことがわかります。

このように、横軸方向の変化を1としたとき、これに対する縦軸方向の変化を用いて直線の傾きを数値化するのが、**直線の傾き**という量です。

では、横軸(x)方向の変化を表すために、Δxという記号を使うことにしましょう。同様に、縦軸(y)方向の変化はΔyと表します。そして、横軸方向の変化を1にするには、縦軸と横軸の変化それぞれを $\frac{1}{\Delta x}$ 倍すればよいので、

$$\text{直線の傾き} = \frac{\Delta y}{\Delta x} \quad \cdots\cdots\text{①}$$

として求めることができます。

第1章 列車ダイヤから見えること

直線の傾きが意味するもの

それでは、1-1で考えた列車運行ダイヤグラムにおいて、「直線の傾き」はなにを表しているのでしょう？

図1の横軸には時刻をとりました。つまり横軸方向の変化は、**列車の走行時間**を表します。また、縦軸は始発の新青森駅からの距離を表しています。つまり縦軸方向の変化は、**列車の走行距離**を表します。このようなグラフにおいて、列車運行ダイヤグラムの「直線の傾き」は、

$$直線の傾き = \frac{列車の走行距離}{列車の走行時間}$$

となります。これは、列車の**速度**にほかなりません。

速度という量は、小学校6年生のときに勉強します。**速さを比較するために考えだされた量**です。

2人の子どものどちらが速いかを知りたいときは、2人で競走させればわかります。「ヨーイ・ドン！」で走り始めて、どちらが先にゴールするかで判定できます。けれども、いつも2人そろって走れるとはかぎりません。たとえば、北海道に住むA君と、沖縄に住むB君の速さを比較したいときは、それぞれの場所で100mを走ったときの時間を計測し、比べてみればいいでしょう。なにも同じ距離を走る必要はないかもしれません。A君、B君ともに何mを何秒で走ったか、というデータがあればいいからです。

仮に、A君は200mを30秒で走ったとします。またB君は、315mを45秒で走ったとします。こういうときは、どちらも1秒間にどれだけ走ったかを調べます。

A君は200mを30秒で走ったので、距離を$\frac{1}{30}$倍すると、1秒で

は $\frac{200}{30} = 6.66\cdots$ m走ることができます。

B君は315mを45秒で走ったので、距離を $\frac{1}{45}$ 倍して、1秒では $\frac{315}{45} = 7\cdots$ m走ることができます。

同じ1秒間に走った距離を比べると、B君のほうがやや速いことがわかります。このように、走る時間を1にそろえるために $\frac{1}{移動時間}$ 倍にした値を計算すると、それが「速さ」という量になります。「傾き」も「速さ」も、同じ考え方であることがわかりますね。

以上をまとめておきましょう。

$$直線の傾き = \frac{移動距離}{移動時間} = 速さ$$

ということです。

列車ダイヤに見える傾きの違い

　グラフの傾きは「速さ」を表すことがわかったので、もう一度図1の列車ダイヤを見直しましょう。上り列車のグラフは、やまびこ122号よりもはやぶさ4号の直線の傾きのほうが急です。それを数値で確認しましょう。傾きはP.16の①の式で求めます。

　仙台駅から大宮駅までの傾き（速さ）を調べてみます。

　7時50分に361.9km地点（仙台駅）にいたはやぶさ4号は、9時00分に683.4km地点（大宮駅）にいます。したがって、はやぶさ4号の場合は、

$$\Delta x = 9{:}00 - 7{:}50 = 1{:}10 = 70分 = 1.166\cdots 時間$$
$$\Delta y = 683.4 - 361.9 = 321.5\mathrm{km}$$

なので、

$$直線の傾き = \frac{\Delta y}{\Delta x} = 321.5 \div 1.166\cdots \fallingdotseq 276\mathrm{km/時}$$

となります。

　一方のやまびこ122号では、Δyは同じですが、

$$\Delta x = 9{:}13 - 7{:}42 = 1{:}31 = 91分 = 1.5166\cdots 時間$$

なので、

$$直線の傾き = \frac{\Delta y}{\Delta x} = 321.5 \div 1.5166\cdots \fallingdotseq 212\mathrm{km/時}$$

となります。

確かに、はやぶさ4号のほうが速いですね。

また、はやぶさもやまびこも、大宮〜東京間はグラフの傾きがほかの部分と違って極端にゆるやかです。計算してみましょう。

はやぶさ4号では

$\Delta x = 9{:}23 - 9{:}00 = 0{:}23 = 23分 = 0.3833\cdots$ 時間
$\Delta y = 713.9 - 683.4 = 30.5$ km

なので、

$$直線の傾き = \frac{\Delta y}{\Delta x} = 30.5 \div 0.3833\cdots \fallingdotseq 80\text{km}/時$$

となります。

これはやまびこ122号もほとんど同じです。

もう1つ、下り列車ではどうなるでしょうか？ 下りの時刻表は23ページの表2のとおりです。はやぶさ1号を見てみましょう。

6時58分に683.4km地点（大宮駅）にいた列車は、8時06分に361.9km地点（仙台駅）にいます。したがって、

$\Delta x = 8{:}06 - 6{:}58 = 1{:}08 = 68分 = 1.133\cdots$ 時間
$\Delta y = 361.9 - 683.4 = -321.5$ km

となります。下り列車なので、時間がたつと始発駅からの距離が小さくなっていき、$\Delta y < 0$ となっています。これで計算すると、

$$直線の傾き = \frac{\Delta y}{\Delta x} = -321.5 \div 1.133\cdots \fallingdotseq -284\text{km}/時$$

となり、傾きの値が負になります。グラフも右下がりですね。

表1や表2では、各駅を発車する時刻が示されていますが、実

際の運行では、列車はその1分前から停車しています。仙台駅では2分間停車します。停車中は時間が進んでも列車の位置は変化しないので、

$$直線の傾き = \frac{\Delta y}{\Delta x} = 0 \mathrm{km/時}$$

となります。図1を見ても、停車駅ではグラフが平らになっていますね。

駅　名	営業キロ(km)	はやぶさ1号	やまびこ41号
東京	713.9	6:32	6:04
上野	710.3	6:38	6:10
大宮	683.4	6:58	6:30
福島	440.9	↓	7:40
仙台	361.9	8:06	8:02
古川	318.7	↓	8:18
くりこま高原	297.5	↓	8:27
一関	268.6	↓	8:37
水沢江刺	243.6	↓	8:47
北上	226.2	↓	9:00
新花巻	213.7	↓	9:07
盛岡	178.4	8:49	9:19
八戸	81.8	9:21	
新青森	0	9:50	

表2　東北新幹線時刻表(下り)の例

1.7 速さを調べて表・グラフにしてみよう

　列車運行ダイヤグラムからは、いろいろなことが見えてきました。列車の運行の全体像は、運行ダイヤグラムからわかりますが、直線の傾きから個々の列車の速さがわかります。この速さも表にして、グラフ化しておくと、列車の運行の様子がさらにくわしくわかります。

　では、表1からはやぶさ4号の各駅間の速度を計算してみましょう。6時17分に新青森駅を発車したはやぶさ4号は、6時41分に八戸駅に着きます。24分かけて81.8kmを移動したので、この区間の速さは、

$$\frac{81.8\text{km}}{24\text{分}} ≒ 3.41\text{km}/分 ≒ 204.5\text{km}/時$$

です。同様に、各駅間の速さを求めてみましょう。

　八戸〜盛岡間は、

$$\frac{(178.4 - 81.8)\text{ km}}{30\text{分}} ≒ 3.22\text{km}/分 ≒ 193.2\text{km}/時$$

　盛岡〜仙台間は、

$$\frac{(361.9 - 178.4)\text{ km}}{39\text{分}} ≒ 4.71\text{km}/分 ≒ 282.6\text{km}/時$$

　仙台〜大宮間は、

$$\frac{(713.9 - 683.4)\text{ km}}{23\text{分}} ≒ 4.59\text{km}/分 ≒ 275.4\text{km}/時$$

　大宮〜東京間は、

$$\frac{(683.4 - 361.9)\text{ km}}{70\text{分}} ≒ 1.33\text{km}/分 ≒ 79.8\text{km}/時$$

です。これらの結果をグラフにまとめておきましょう（図6）。

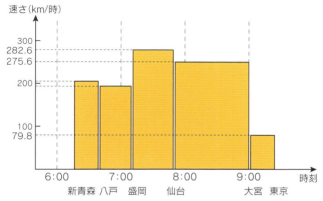

図6　時刻–速さのグラフ

　列車運行ダイヤグラム（**時刻–距離のグラフ**と呼ばれる）は、列車を利用する乗客にとって、発車時刻や到着時刻がわかり、途中の何時ごろにどのあたりを走るかがわかるグラフになっています。これに対して図6は**時刻–速さのグラフ**になっていて、新幹線の運転席で運転士がスピードメーターを見ている様子をグラフにしたものです。このグラフからは、何時ごろにどのくらいの速さで走っているかがわかります。この2つのグラフがあると、旅行が楽しくなりそうですねGPS機能つきのスマートフォンがあれば、速度を測定するアプリがありますから、新幹線の座席に座って速度を知ることができます（P.123参照）。

速さは刻々と変化する

　ところで、図6のグラフは、新幹線が実際に走る様子とは少し違うことに気づいたでしょうか。新幹線が駅を発車したあとは少しずつ速さを増していき、そのうち一定の速さに達します。また停車するときも、あるときから少しずつ減速していって止まります。

　図6のグラフは、そうしたことを反映していません。どうしてこうなったのでしょう？

　「速さ」という量を求めるには、ある時間の移動量（走行距離）を求めて、単位時間あたりの移動距離を算出するために、わり算することでした。つまり、一定の速さで走っているという仮定のもとで、1時間あたりの移動距離を計算し、速さとしたものです。

　ところが実際の列車は、発車すると徐々に加速していき、停車する前も徐々に減速していきます。時刻表のデータからは、発車してから到着するまでの時間と、移動距離がわかるだけです。それくらいしかデータがないので、仕方なく計算した結果といえます。このようにして求めたものは、正確にいうと**平均の速さ**になります。

第**2**章
速さが変化する運動を調べよう
…… 「微分する」

　それでは、加速（減速）するときの**速さ**は、どのようにとらえたらいいのでしょうか？
　速さが刻々と変化する運動を考える必要があるようですね。そうした運動を考えるためのモデルとして、『おもしろいほどよくわかる高校数学　関数編』でも紹介した、**斜面を転がる鉄球の運動**を取り上げます。

斜面を転がる鉄球の運動

　カーテンレールを斜めに固定して、このレールの上で鉄球を転がしてみましょう。カーテンレールでできた斜面のてっぺんに鉄球を置いて、パッと手を離します。すると、鉄球は転がり落ちます。最初はゆっくり動き始めますが、どんどん速さが増していき、最後はかなりの速さで走り抜けます。

　この鉄球の運動について調べてみましょう。

➡ まずは実験してみる

　メトロノームをカチカチ鳴らして、音が鳴ると同時に鉄球から手を離します。そして、次にカチッと鳴るときの鉄球の位置を確認します。

　図1を見てください。1回カチッと鳴る間に、鉄球は右端から2つ目まで進んだとします。では、次のカチッと鳴るときに、鉄球はどこまで進んでいるでしょう？　a～hのどの場所だと思いますか？

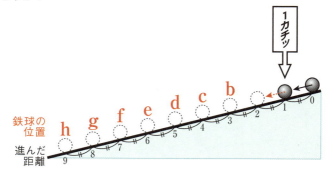

図1　斜面を転がり落ちる鉄球の運動（どこまで落ちる?）

鉄球の転がる速さはどんどん増していきますから、1回カチッと鳴る間に進んだ距離と同じだけのaよりは、先に進んでいるはずです。

　筆者の経験では、bぐらいを予想する人が多かったのですが、みなさんはいかがでしょうか？

　実際に実験してみると、思ったよりも遠くのcまで進むことが確認できます。これは、1回目の「カチッ」までに転がった距離の4倍にもなります。

　それでは、もう一度カチッと鳴るときは、どこまで進んでいるでしょう？

　最初にbを予想した人は、次は少し遠いところまで行くと考えるでしょうね。ところが実際は、hまで進むんですね。これは、1回目の「カチッ」までに転がった距離の9倍にもなっています。

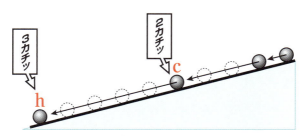

図2　斜面を転がり落ちる鉄球の運動（実験結果）

▶ 実験データは表にまとめる

　調べたデータを表にまとめると、規則性を見つけやすくなります。1回目の「カチッ」のときに転がった距離を1とすると、表1の「0, 1, 4, 9」は、どんな関係になっていると思いますか？

　関係を見つけるには、変化の仕方を調べることです。それには、

x	0(手を離す)	1(1カチッ)	2(2カチッ)	3(3カチッ)
y	0	1	4	9

表1　実験データを表にする

「0, 1, 4, 9」の差をとってみることです。

　手を離してから1回目の「カチッ」までの間に、鉄球は1だけ進みます。そこから2回目の「カチッ」までの間に、距離3進みます。さらに3回目の「カチッ」までは、距離5進んでいます。同じ1回の「カチッ」の間に進む距離が大きくなっているので、鉄球が加速していることがわかります。

　それぞれの1「カチッ」の間の速さの変化に着目すると、1, 3, 5, …というように2ずつ増えていることがわかります。この増える2は一定ですね。

　斜面を転がり落ちる鉄球の運動について考えてみたとき、変化しないで一定に作用するのはなんでしょう？　それは、重力でしょうか。鉄球は重力に引かれて斜面を転がり落ちます。重力は常に一定だと考えられるので、一定の割合で速さが大きくなっていくようです。

　1回「カチッ」と鳴る間に、速さが2ずつ大きくなっていますが、もっと短い時間の速さも、同じ割合で大きくなっていくと考えていいでしょう。

　さて、1「カチッ」の間に進む距離が、1, 3, 5, 7, …と変化するときに、進んだ距離の合計を考えると、

$$1 = 1 = 1^2$$
$$1 + 3 = 4 = 2^2$$
$$1 + 3 + 5 = 9 = 3^2$$
$$1 + 3 + 5 + 7 = 16 = 4^2$$

という関係があることに気づきます。これは図3のようにも表すことができます。

つまり、図3の「1, 4, 9, 16」という並びは、「1^2, 2^2, 3^2, 4^2」だったというわけです。

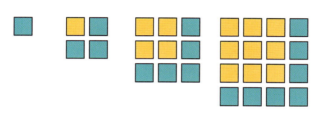

図3 「1, 4, 9, 16」は「1^2, 2^2, 3^2, 4^2」

▶ x^2に比例する

中学校では

　　xが2倍、3倍、…になるとき、
　　yも、2倍、3倍、…になる

ことを、「yはxに比例する」といいました。そして、yがxに比例するときには、

　　$y = ax$

と表せることを学びました。

同様に、斜面を転がる鉄球で、手を離してからの時間xと、鉄球が転がった距離yについては、

xが2倍、3倍、…になるとき、
yは、2^2倍、3^2倍、…になる

という転がり方をしています。こういうときは、「yはx^2に比例する」といいます。

また、$x = 1$のときのyの値がaであれば、

$y = ax^2$

という式で表すことができます。

➡ $y = x^2$のグラフは

$y = ax^2$という式で表せるということは、実験して得られた$x = 1$, 2, 3, …のときのyの値だけでなく、どんなxのときでも、yはこの式で計算できるということです。ただし、本当にこのような式で計算できるかどうかは、第5章からの積分法(P.136)で再度検討したいと思います。

ここでは、前節で見たように、「どうやらyはx^2に比例するようだ」という感触を信じて、話を進めていきます。

メトロノームをカチカチ鳴らしながら、斜面に鉄球を転がしたとき、手を離してから1回目の「カチッ」が鳴るまでに転がった距離を1とすると、x回目のカチッが鳴るまでに転がる距離yは、

$y = x^2$

と表すことができます。

仮に、メトロノームのカチカチ鳴る速さを10倍にして、これまでの1カチッの間に10回カチッと鳴るようにしたとしても、最初の1カチッの間に転がった距離を1とすると、2カチッ、3カチッ

第2章 速さが変化する運動を調べよう

時に距離がその4倍、9倍、…になっていくことは変わりません。

x	0	1	2	3	4	5	6	7	8	9	10
y	0	1	4	9	16	25	36	49	64	81	100

表2 メトロノームを10倍速く鳴らしたときのxとy

メトロノームを10倍速くする前の1カチッは、速くしてからの10カチッのことですから、表2における$x=10$カチッのときの$y=100$というのは、遅いときの1カチッまでの移動距離である1に等しくなります。

メトロノームを10倍速くしたときの1カチッは、それまでの遅い時間の測り方でいえば、0.1カチッにあたります。そうすると、この$x=0.1$カチッのときのyは、$y=0.1^2=0.01$と考えることができますね。

このようにすると、最初に行った実験(メトロノームを速くする前の時点)で、手を離してから1カチッまでのxとyの関係は、次の表3のようになります。

x	0	0.1	0.2	0.3	0.4	0.5	0.6	0.7	0.8	0.9	1
y	0	0.01	0.04	0.09	0.16	0.25	0.36	0.49	0.64	0.81	1

表3 $x=0$から$x=1$までのxとy

メトロノームがカチカチ鳴る速さを、さらに10倍速くすると、同様にして、$x=0$から$x=1$までの間を100等分して0.01刻みの表ができますね。

このようにして、手を離してからの時間xと、その間に転がり落ちた距離yの値をすべて計算し、それをグラフにしたのが図3です。

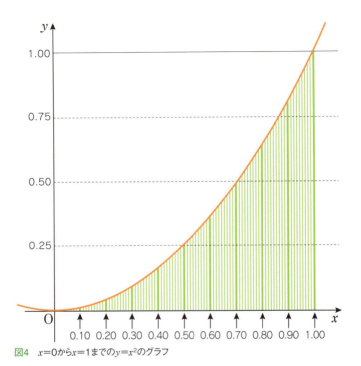

図4　$x=0$から$x=1$までの$y=x^2$のグラフ

　図4のグラフは、各時刻のxについて、横軸の目盛りxのところに、手を離してからxカチッ間に鉄球が転がり落ちた距離yを長さにもつ緑色の棒を立てることでできています。第1章で新幹線の時刻表から列車運行ダイヤグラムをつくりましたが、図4の$y=x^2$のグラフは、斜面を転がる鉄球の、手を離してからの時間xと、転がり始めた地点からの距離yの対応をグラフ化したものなので、新幹線の列車運行ダイヤグラムに相当するものといえます。

　列車運行ダイヤグラムでは、新幹線の時刻表には載っていない各駅間の地点の通過時刻がわからないため、時刻表にある駅間を

直線でつなぎました。これに対して図4の斜面を転がる鉄球のグラフは、測定結果から得られた変化の規則性と、その規則性の理由が納得されたものです。速度が時々刻々変化する運動を調べるときは、このグラフを使って考えることができそうですね。

速度が変化する運動を調べよう

　新幹線の時刻表からつくった列車運行ダイヤグラムからは、時刻表に示された停車駅はもちろん、各駅間の地点の通過時刻も予測することができました。また時刻表の発車時刻から、各停車駅の間を走る列車の「平均の速さ」を求めることもできました。この平均の速さ(**平均速度**)は、グラフの傾きとして目に見えるものでした。グラフを見ると、大宮〜東京間の速度は、それ以外の区間の速度よりかなり遅くなっていることがわかりました。けれども、これはあくまで平均の速さだったわけです。

　それでは「平均」する前の「速さ」は、どうすればわかるのでしょうか？

　列車運行ダイヤグラムでは、列車が発車してから徐々に速さを増していく状態はわからないので、正確な分析ができませんでした。そこで、速度の変化の仕方が正確に表現できる、斜面を転がる鉄球の運動をもとに考えてみたいと思います。

▶ 斜面を転がる鉄球の瞬間の速さ

　斜面を転がる鉄球の速さを考えてみましょう。

　斜面に置かれた鉄球は、手を離した瞬間から転がり始めます。そして少しずつ速さを増していきます。速さが時々刻々変化して

いるということは、直感的にわかります。

一方、「速さ」を比べるときは、「同じ速さで」一定時間移動するときに、そのときの移動距離の大小で比較できることを学びました。しかしながら、斜面を転がる鉄球の速さは、列車の速さのようにはいきません。なぜなら、「同じ速さで」一定時間移動することなどないからです。

なんとかして、ある瞬間における速さを変化させることなく、一定の速さで運動する状態をつくりだせないでしょうか？

速さを変化させる原因となるのは、なんだったでしょう？ それはカーテンレールが斜めになっているので、鉄球の転がる勢いが増していくのでした。鉄球は重力によって斜面の下り方向に引っ張られているため、速さが増すと考えました。

そうであれば、ある瞬間に重力の影響を受けない状況をつくりだすことで、解決できそうです。そこで、斜面の途中で鉄球が水平方向に転がるようにしてみたらどうでしょう？

メトロノームをカチカチ鳴らして、音が鳴ると同時に鉄球から手を離し、次にカチッと鳴るときの鉄球の位置で、カーテンレールを水平にするのです。

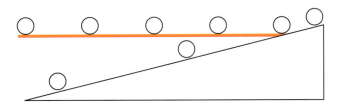

図5　「1カチッ」のところから水平にする

カーテンレールを転がる鉄球が速くなっていくのは、重力のせいです。ところが、図5のようにカーテンレールを途中から水平にすると、水平部分を転がる鉄球には重力が加速する向きに働かなくなります。ということは、水平部分を転がる鉄球は一定の速さで転がるということです。

　これも実験で確かめてみました。メトロノームをカチカチ鳴らして、音が鳴ると同時に鉄球から手を離します。次のカチッと鳴るまでは斜面を転がりますが、カチッと鳴ったあとは水平に転がります。そして、次のカチッと鳴るときの位置を確認すると、それは1カチッの間に転がった斜面の長さの2倍のところでした。以降、カチッと鳴るたびに同じ距離だけ転がることがわかりました。

　水平に転がり始めてからは、速さが一定なので、1カチッの間に転がる距離がこの一定の速さを表しています。

　最初の1カチッの間に転がった距離を1とすると、1カチッ後に水平に移動するときの速さが2であることは、実験からわかりました。

　では次に、2カチッまで斜面を転がして、そこから水平にするという同様の実験を行いましょう。

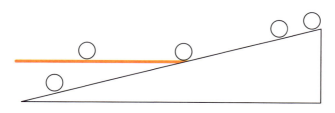

図6　「2カチッ」のところから水平にする

2カチッ後に水平にしたときも、同じように一定の速さで転がります。このときの速さは4になりました。

3カチッ後に水平にすると、どうなるでしょうか?

3カチッ後に水平にしたときにも、同じように一定の速さで転がります。このときの速さは6になりました。

斜面を転がる鉄球の速さは、時々刻々と変化しています。この最初の実験では、ちょうど1カチッ後の時点の速さを取りだしたのですね。同じようにして2カチッ後、3カチッ後の速さも調べることができました。これをまとめましょう。

時刻(カチッ)	1	2	3
速さ	2	4	6

表4 1カチッ後、2カチッ後、3カチッ後の「瞬間の速さ」

この実験でわかった2, 4, 6という速さは、斜面を転がるカーテンレールの1カチッ後、2カチッ後、3カチッ後の**瞬間の速さ**と考えていいでしょう。

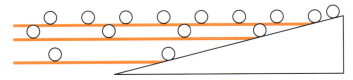

図7 「3カチッ」のところから水平にする

➡ 「時刻−距離」のグラフと瞬間の速さの関係を調べよう

新幹線の時刻表から、駅間の移動時間と移動距離を調べ、得られた新幹線の速さを「時刻−速さ」のグラフにしました(23ページの図6)。この「時刻−速さ」のグラフは、列車運行ダイヤグラム

の「時刻−距離」グラフとともに、新幹線が走る様子を表すものでした。

カーテンレールを転がる鉄球の運動についても、実験データとそれから得られた2乗に比例するという変化の仕方「1・4・9」をもとにして、実験できない途中の0.01刻みの時刻に対する移動距離を補間して、グラフ(図4)が得られています。

ここからは、図4を用いて鉄球の瞬間の速さの変化を調べてみます。すでに表4のデータが得られていますが、さらに細かく調べてみましょう。

➡ 曲線の傾きとは……

カーテンレールを転がる鉄球の場合、鉄球の速さは時々刻々速くなっていきます。その結果、図4は曲線になりました。

速さを知りたいときに傾きを求めましたが、ここで問題になるのはグラフが「曲がっている」ことなんですね。

ところで、私たちの住んでいる地球も丸い球体ですが、日常生活でこの「丸み」を感じることはあるでしょうか？

たとえば、赤道上の東経135度の地点から、西へ東経45度の地点まで進み、そこから北に向かって北極まで進みます。北極で90度向きを変えて、出発地点を目指して南に進みます。このようにしてできた大きな三角形は、3つの角がすべて90度になりますので、丸い地球の上で大きな三角形を描くと、三角形の内角の和は180度を超えてしまいます。

ところが私たちが中学校で勉強した数学の教科書には、「三角形の内角の和は180度」と書いてあったではないですか。中学校で勉強した図形の性質は、平面上の図形についてのものでした。ですから、曲面上では成り立たない場合があるのですね。

中学校で勉強した内容でも、日常生活で困らないということは、私たちがふつうに生活しているような範囲では、地面は平らだと考えていいということでしょう。

　図8のBは、Aの半径1cmの円の一部を100倍に拡大したものです。さらにBを100倍した円の一部がCです。この半径1cmの円のような曲線でも、一部を10000倍に拡大すると、まっすぐなのか曲がっているのか見分けられなくなります。

　こうしたことを、図4のような曲線の「時刻 − 距離」グラフに当てはめると、ある瞬間の速さというのはグラフ上にどのように表れると思いますか？

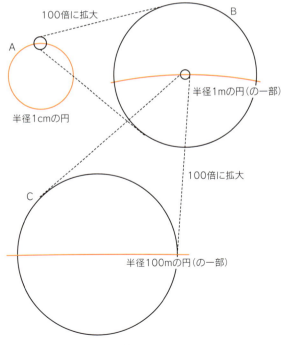

図8　半径1cmの円を10000倍まで拡大した

図8で見たように、曲線をどんどん拡大していくと、まっすぐな直線に見えてきます。これは、拡大した結果、直線に見えているのですが、まっすぐに見える部分は、元の円のとても小さな断片でした。

では、これを逆に考えてみましょう。拡大した円の断片を、「まっすぐに」伸ばしてみるのです。断片を両方向にまっすぐ伸ばした直線は、円を拡大しなくても見えてきますね。

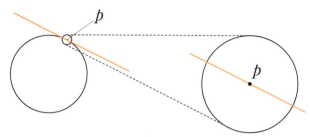

図9 拡大した円の断片をまっすぐに伸ばす

図9の左のような曲がっている線も、非常に小さな断片に刻むと、右のようにまっすぐに見えます。この小さな断片から左右へまっすぐ伸ばした線は、左のような元の曲がった線の接線になっていることがわかるでしょうか。

➡「時刻−距離」グラフから速さを測定しよう

前節でわかったことをもとに、カーテンレールを転がる鉄球の「時刻−距離」グラフから、1カチッ後の鉄球の速さを求めてみましょう。

「時刻−距離」グラフは、$y = x^2$のグラフでした。このグラフの$x = 1$における速さを調べるために、曲がったグラフ$y = x^2$の$x = 1$

の点 (1, 1) の近くの小さな断片を左右にまっすぐ伸ばして直線を引きます。この直線は $y = x^2$ のグラフの点 (1, 1) における接線になるのでした。ですから、$y = x^2$ のグラフ上の点 (1, 1) で接線になるように直線を引きます。

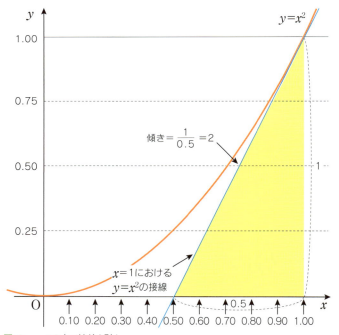

図10　$x=1$ の点で接線を引く

　図10の接線は、$x = 1$ の瞬間の速さが一定だとしたら、鉄球はこのようなダイヤグラムに沿って転がるであろうというグラフです。新幹線のときに見たように、この直線の傾きが鉄球の転がる速さになります。

　グラフに引いたこの接線の傾きを調べてみましょう。この直線

は、$x=0.5$のところで$y=0$になります。そして、$x=1$のときはもちろん$y=1$なので、その傾きは

$$傾き = \frac{1-0}{1-0.5} = 2$$

となります。

これは、1カチッ後に水平に転がるようにした実験で求められた、速さ2に一致していますね。

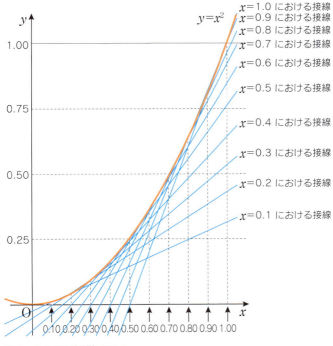

図11　各点の接線を引いてみる

それでは、$x = 0$, 0.1, 0.2, 0.3, …, 0.8, 0.9のところからも接線を引いて、同じように速さを求めてみましょう。

図11の「時刻−距離」グラフを使い、各点の接線を引いて、それぞれの傾き（速さ）を求めた結果を表5にまとめました。

時刻（カチッ）	0	0.1	0.2	0.3	0.4	0.5	0.6	0.7	0.8	0.9	1
速さ	0	0.2	0.4	0.6	0.8	1	1.2	1.4	1.6	1.8	2

表5　$x=0, 0, 1, …, 1.0$における瞬間の速さ

この表5に、先の実験から得られた$x = 2, 3$のときの速さを加えてグラフにすると、図12のようになります。

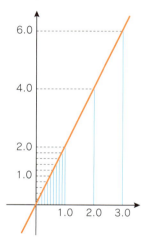

図12　カーテンレールを転がる鉄球の「時刻−速さ」のグラフ

以上のように、「時刻−距離」グラフがあると、各点における速さを求めることができ、それから「時刻−速さ」グラフが得られます。

カーテンレールを転がる鉄球の、各時刻xにおける転がり始めてからの移動距離yは

$\quad y = x^2$

となりました。このとき、各時刻xにおける鉄球の速さvは、

$\quad v = 2x$

という結果になりました。

このように、**時刻x – 距離yの式から、時刻x – 速さvの式を求める**ことを、**微分する**といいます。

一般には、xの関数$y = f(x)$があるとき、$y = f(x)$のグラフの各点$(x, f(x))$において、小さく分割してまっすぐに見えるぐらい小さい断片に分けたものを考えて、これをまっすぐ両側に伸ばして直線(接線)をつくります。この直線の傾きvを求めると、$v = g(x)$になったとしましょう(ここまで見てきた例であれば、$y = f(x) = x^2$で、$v = g(x) = 2x$です)。$y = f(x)$の式から$v = g(x)$の式を求めることを「微分する」というのです。

第3章

微分の法則

　前章では、$y=x^2$ を微分すると $v=2x$ になることがわかりました。$y=x^2$ 以外のいろいろな関数を微分してみると、「微分する」ことに隠れている簡単な規則性が見つかります。

　本章では、その前準備として、規則性を発見するための道具を用意して、それを用いてこの規則性を見つけていきます。

対数目盛りと対数方眼紙

ふつうの目盛り

中学校のときに、**数直線**というものを勉強しましたね。数直線は、図1のような直線上に、次のようにして「目盛り」をつけたものです。

まず、直線上に**基準点**となる1点Oをとります。1という目盛りをつける点は、基準点Oからの距離が1である点です。この点は、基準点Oの右側と左側に1つずつありますが、どちらかに決めて、それを**目盛り1の点**とします。

一般に、正の数xという目盛りがついた点は、基準点Oからの距離がxの点です。この場合も、基準点Oの右側と左側に1つずつあります。目盛り1とつけた点を基準点Oのどちらかに決めていたら、正の数xを目盛りとする点は、基準点Oに関して目盛り1の点と同じ側にとることとします。

これに対してxが負の数のときは、xの数値を表す数から符号「−」を取り除いた数値x'(符号を「+」にしたもの)を考えて、基準点Oからの距離がx'の点のうち、基準点Oに関して目盛り1の点とは反対側にとった点とします。

基準点Oは、基準点からの距離がゼロの点ですから、ここには目盛り0がついています。

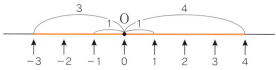

図1 ふつうの目盛りの数直線

目盛り1の点は、基準点Oの右に決めることも、左に決めることもできます。けれども、基準点Oの右側にあることが多いでしょう。

▶ 対数目盛り

先ほど述べた「ふつうの」目盛りのつけ方に対して、**対数目盛り**というちょっと変わった目盛りのつけ方があります。

対数目盛りも、最初は数直線上に基準点となる1点Oをとります。そして、1という目盛りをつける点は、基準点Oからの距離が対数$\log_{10} 1$である点をとります。

対数$\log_a M$をおさらいすると、これはMという数を、底をaとして$M = a^p$というように表したいときの、指数pを表すものでした（「底aをMにする指数」ですね）。したがって、$\log_{10} 1$というのは、底10を1にする指数のことです。$10^0 = 1$なので、$\log_{10} 1 = 0$になります。基準点から距離$\log_{10} 1 = 0$の点を考えると、基準点Oそのものになることに気づきます。ですから、1という目盛りがつく点は、基準点Oです。

次に、目盛りが2である点は、基準点Oからの距離が$\log_{10} 2$の点になります。

$\log_{10} n$の値は**常用対数表**から調べます。表1に、常用対数表から必要な値を取りだしておきます。$\log_{10} 2 = 0.3010$という値に

$\log_{10} 1 = 0$	$\log_{10} 2 = 0.3010$	$\log_{10} 3 = 0.4771$
$\log_{10} 4 = 0.6021$	$\log_{10} 5 = 0.6990$	$\log_{10} 6 = 0.7782$
$\log_{10} 7 = 0.8451$	$\log_{10} 8 = 0.9031$	$\log_{10} 9 = 0.9542$

表1　$\log_{10} n$の値（常用対数表からの抜粋）

なるので、基準点Oから0.3010の点をとります。同じように、$\log_{10} 3 = 0.4771$の距離のところに目盛り3の点を、$\log_{10} 4 = 0.602$の距離のところに目盛り4、……というように目盛りをとっていくと、図2のような目盛りができあがります。

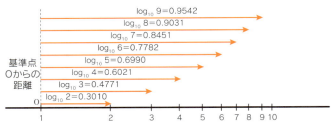

図2　対数の目盛り(1〜10まで)

　では、基準点Oから距離1離れた目盛り10を超える部分や、目盛り1より小さい部分はどうなるでしょうか？

　目盛りがxの点は、基準点Oから距離が$\log_{10} x$の点です。この点を右に距離1だけ平行移動すると、基準点Oからの距離が1増えることになります。

$$\log_{10} x + 1 = \log_{10} x + \log_{10} 10 = \log_{10} 10x$$

となりますから、目盛りの数値が10倍になります。

また、目盛りがxの点を、基準点Oから左に距離1だけ平行移動すると、基準点Oからの距離が1減ることになります。

$$\log_{10} x - 1 = \log_{10} x - \log_{10} 10 = \log_{10} \frac{x}{10}$$

となりますから、目盛りの数値が$\frac{1}{10}$になります。

したがって対数目盛りの数直線は、図3のように1, 2, 3, …, 10とまったく同じパターンを繰り返しますが、右には距離1ごとに10倍になった目盛りが並び、左には$\frac{1}{10}$倍になった目盛りが並ぶことになります。

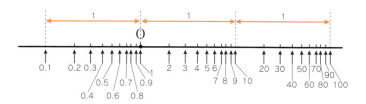

図3　対数目盛りの数直線

➡ 対数目盛りの方眼紙

そんな対数目盛りを使った方眼紙を考えましょう。特に、横の目盛りも縦の目盛りも対数目盛りになった方眼紙は、**両対数方眼紙**といいます(図4)。不思議な方眼紙ですね。均等な大きさの格子が並んでいるふつうの方眼紙とは、趣を異にしています。

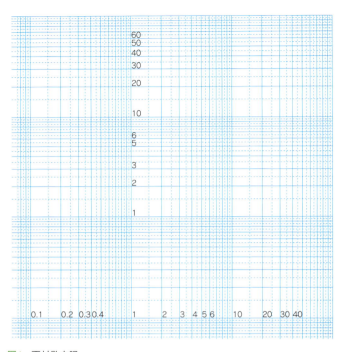

図4　両対数方眼

　この両対数方眼紙にグラフを描くと、どんな n でも $y = ax^n$ のグラフが直線になってしまうので、驚きます。

　試しに、いくつか描いてみましょう。

x	0	0.1	0.2	0.3	0.4	0.5	0.6	0.7	0.8	0.9	1
$y=x^2$	0	0.01	0.04	0.09	0.16	0.25	0.36	0.49	0.64	0.81	1
$y=2x^2$	0	0.02	0.08	0.18	0.32	0.5	0.72	0.98	1.28	1.62	2

表1　$y=x^2$と$y=2x^2$

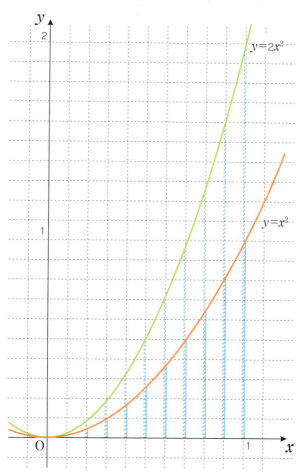

図5　$y=x^2$と$y=2x^2$のグラフ（通常方眼紙）

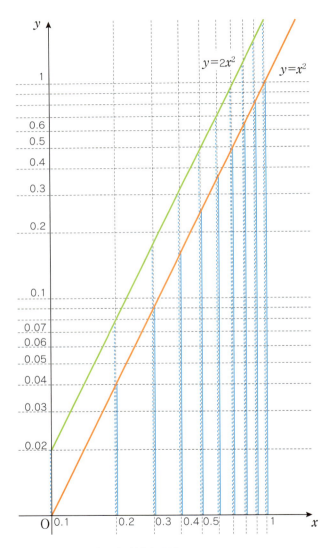

図6　$y=x^2$と$y=2x^2$のグラフ（両対数方眼紙）

x	0	0.1	0.2	0.3	0.4	0.5	0.6	0.7	0.8	0.9	1.0
$y=x^3$	0	0.001	0.008	0.027	0.064	0.125	0.216	0.343	0.512	0.729	1.00
$y=\frac{3}{2}x^3$	0	0.0015	0.012	0.0405	0.096	0.1875	0.324	0.5145	0.768	1.0935	1.5

表2　$y=x^3$と$y=\frac{3}{2}x^3$

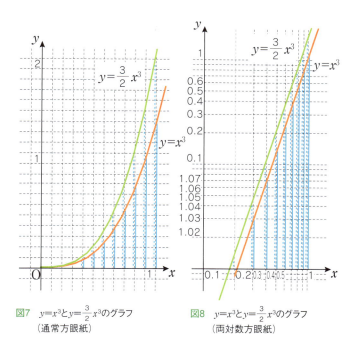

図7　$y=x^3$と$y=\frac{3}{2}x^3$のグラフ
（通常方眼紙）

図8　$y=x^3$と$y=\frac{3}{2}x^3$のグラフ
（両対数方眼紙）

　ふつうの方眼紙に描いたグラフは、どれも曲線になっているのに、両対数方眼紙に描いた$y=x^2$と$y=2x^2$のグラフは、どちらも傾き2の直線になっており、$y=x^3$と$y=\frac{3}{2}x^3$のグラフは、どちらも傾き3の直線になっていますね。

　仮に実験をしたとして、xの値に対するyの値がいくつか得られ、

このデータ(x, y)を両対数方眼紙に描き込んだときに、データが直線状に並んだとしましょう。この直線の傾きがkで、$x = 1$のときに$y = a$だとします。両対数方眼紙なので、目盛りの数値がx, y, aだということは、実際の長さが$X = \log_{10} x$, $Y = \log_{10} y$, $A = \log_{10} a$になります。両対数方眼紙上の直線の方程式は

$\quad Y = kX + A$

となりますから、

$\quad \log_{10} y = k \log_{10} x + \log_{10} a$
$\quad \log_{10} y = \log_{10} x^k \times a$

という関係にあることがわかります。

このように、対数方眼紙は、実験データのもつ規則性を発見する道具としてすぐれているのです。

実験結果から得られたデータ(x, y)を対数方眼紙にプロットしたときに、傾きkの直線になれば、yはxのk乗に比例することがわかります。すなわち、

$\quad y = ax^k$

という関係式が得られます。

関数 $y=x^3$ を微分しよう

それでは「時間−距離」グラフが $y=x^3$ となるような運動をするときの「時間−速度」グラフをつくってみましょう。このことを、**$y=x^3$ を微分する**というのでした。

x	0	0.1	0.2	0.3	0.4	0.5	0.6	0.7	0.8	0.9	1.0
y	0	0.001	0.008	0.027	0.064	0.125	0.216	0.343	0.512	0.729	1.000

表3 $y=x^3$ の表

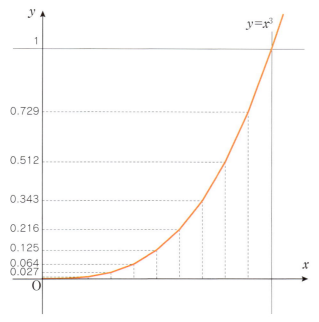

図9 $y=x^3$ のグラフ

$y = x^3$のグラフは、図9のようになります。このグラフのxの各点に接線を引いて、接線の傾きを求めてみましょう。

　たとえば、$x = 1$における接線を見てみます。

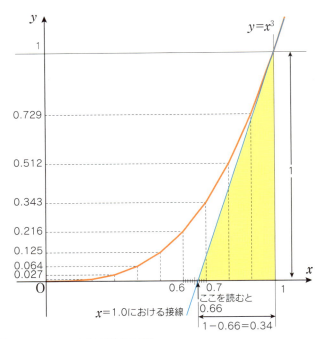

図10　$y=x^3$の$x=1$における接線の傾き

　$x = 1$における接線とx軸の交点は、$x = 0.66$ぐらいでしょうか。図10の黄色く塗った三角形は、底辺が$1 - 0.66 = 0.34$で、高さが1の直角三角形になっています。この接線の傾きは

$$\frac{1}{0.34} \fallingdotseq 2.94　です。$$

次に、$x=0.9$における接線の傾きを調べてみましょう。

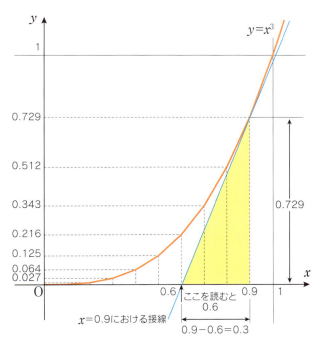

図11　$y=x^3$の$x=0.9$における接線の傾き

$x=0.9$における接線とx軸の交点は、$x=0.6$ぐらいでしょうか。図11の黄色く塗った三角形は、底辺が$0.9-0.6=0.3$で、高さが$0.9^3=0.729$の直角三角形になっています。この接線の傾きは

$$\frac{0.729}{0.3} \fallingdotseq 2.43 \quad \text{です。}$$

次に、$x = 0.8$における接線の傾きを調べてみましょう。

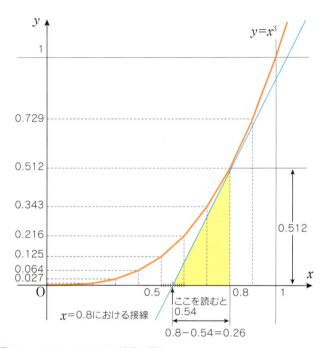

図12 $y=x^3$の$x=0.8$における接線の傾き

$x = 0.8$における接線とx軸の交点は、$x = 0.53$ぐらいでしょうか。図12の黄色く塗った三角形は、底辺が$0.8 - 0.53 = 0.27$で、高さが$0.8^3 = 0.512$の直角三角形になっています。この接線の傾きは

$$\frac{0.512}{0.26} \fallingdotseq 1.97 \quad です。$$

次に、$x = 0.7$ における接線の傾きを調べてみましょう。

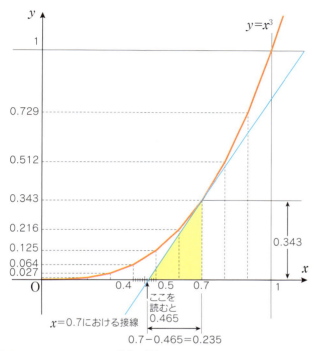

図13　$y = x^3$ の $x = 0.7$ における接線の傾き

$x = 0.7$ における接線と x 軸の交点は、$x = 0.465$ ぐらいでしょうか。図13 の黄色く塗った三角形は、底辺が $0.7 - 0.465 = 0.235$ で、高さが $0.7^3 = 0.343$ の直角三角形になっています。この接線の傾きは

$$\frac{0.343}{0.235} \fallingdotseq 1.46 \quad \text{です。}$$

次に、$x = 0.6$ における接線の傾きを調べてみましょう。

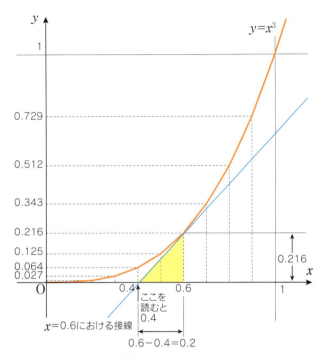

図14　$y=x^3$の$x=0.6$における接線の傾き

$x = 0.6$ における接線とx軸の交点は、$x = 0.4$ ぐらいでしょうか。図14の黄色く塗った三角形は、底辺が$0.6 - 0.4 = 0.2$で、高さが$0.6^3 = 0.216$の直角三角形になっています。この接線の傾きは

$$\frac{0.216}{0.2} \fallingdotseq 1.08 \quad \text{です。}$$

次に、$x=0.5$における接線の傾きを調べてみましょう。

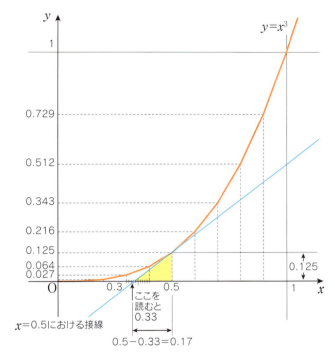

図15　$y=x^3$の$x=0.5$における接線の傾き

$x=0.5$における接線とx軸の交点は、$x=0.33$ぐらいでしょうか。図15の黄色く塗った三角形は、底辺が$0.5-0.33=0.17$で、高さが$0.5^3=0.125$の直角三角形になっています。この接線の傾きは

$$\frac{0.125}{0.17} \fallingdotseq 0.74 \quad \text{です。}$$

次に、$x = 0.4$における接線の傾きを調べてみましょう。

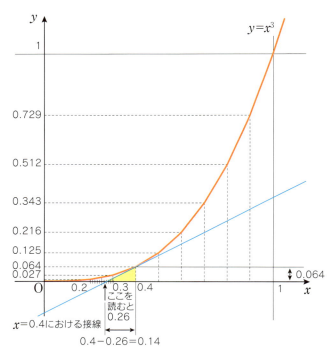

図16　$y=x^3$の$x=0.4$における接線の傾き

$x = 0.4$における接線とx軸の交点は、$x = 0.26$ぐらいでしょうか。図16の黄色く塗った三角形は、底辺が$0.4 - 0.26 = 0.14$で、高さが$0.4^3 = 0.064$の直角三角形になっています。この接線の傾きは

$$\frac{0.064}{0.14} \fallingdotseq 0.46 \quad \text{です。}$$

$x=0.3$, 0.2, 0.1のところは、識別するのが大変なので、測定をあきらめました。

ここまで測定したデータを、表4にまとめてみましょう($x=0.1$, 0.2, 0.3については未測定)。さて、表4を見てxと傾きの間にどんな規則性があるかわかりますか? よくわかりませんよね。こういうときに、前節で見た「対数方眼紙」が威力を発揮します。両対数方眼紙に表4のデータをプロットしてみましょう。

x	…	0.1	0.2	0.3	0.4	0.5	0.6	0.7	0.8	0.9	1	…
傾き	…				0.46	0.74	1.08	1.46	1.9	2.43	2.9	…

表4 $y=x^3$の各点における接線の傾き

測定結果を図17の両対数方眼紙にプロットしてみると、点がほぼ直線上に並ぶのがわかります。この対数方眼紙には、特別に横方向と縦方向にふつうの目盛りを重ねています。この目盛りを使って、直線の傾きを求めてみましょう。横方向の長さが5に対して、縦方向の長さは10になっているように読みとれますね。ということは、この直線は傾きが2ということです。

xの値に対する接線の傾きvを測定し、両対数方眼紙にプロットしたところ、データが直線上に並びました。その直線の傾きが2ですから、前節で見たように、「vはx^2に比例する」ということがわかります。「vはx^2に比例する」ことを、式で書くと

$$v = kx^2$$

と表せます。

では、次に比例定数のkを求めましょう。

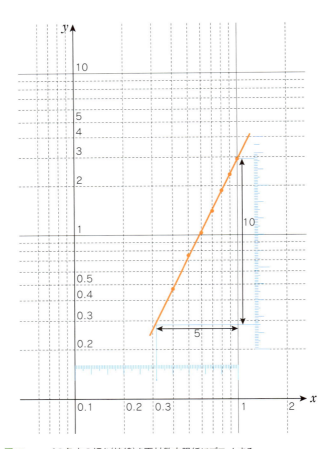

図17　$y=x^3$の各点の傾き（接線）を両対数方眼紙にプロットする

$x = 0.4$ のとき、$v = 0.46$ となるので、$0.46 = k \times 0.4^2$ より
$$k = \frac{0.46}{0.4^2} = 2.88 \fallingdotseq 2.9$$

$x = 0.5$ のとき、$v = 0.74$ となるので、$0.74 = k \times 0.5^2$ より
$$k = \frac{0.74}{0.5^2} = 2.96 \fallingdotseq 3.0$$

$x = 0.6$ のとき、$v = 1.08$ となるので、$1.08 = k \times 0.6^2$ より
$$k = \frac{1.08}{0.6^2} = 3.00$$

$x = 0.7$ のとき、$v = 1.46$ となるので、$1.46 = k \times 0.7^2$ より
$$k = \frac{1.46}{0.7^2} = 2.98 \fallingdotseq 3.0$$

$x = 0.8$ のとき、$v = 1.97$ となるので、$1.97 = k \times 0.8^2$ より
$$k = \frac{1.97}{0.8^2} = 3.08 \fallingdotseq 3.1$$

$x = 0.9$ のとき、$v = 2.43$ となるので、$2.43 = k \times 0.9^2$ より
$$k = \frac{2.43}{0.9^2} = 3.00$$

$x = 1.0$ のとき、$v = 2.94$ となるので、$2.94 = k \times 1.0^2$ より
$$k = \frac{2.94}{1.0^2} = 2.94$$

これを見ると、測定誤差はありますが、だいたい $k = 3$ と考えていいのではないでしょうか。

ここまでの結果をまとめておきましょう。

「時刻 (x) − 距離 (y)」グラフが $y = x^3$ となるときに、x の各点における接線の傾きを測定しました。傾きを測定するということは、$y = x^3$ のグラフが運行ダイヤグラムになるような運動をしている物

体の、各瞬間における速度を求めたことになります。このようにして、時刻 (x) と速度 (v) の間には

$$v = 3x^2$$

という関係があることがわかりました。

別の言い方をすると、

$y = x^3$ を微分すると、$v = 3x^2$ になる

ということです。

関数 $y=x^4$ を微分しよう

　第2章では、カーテンレールを転がる鉄球の運動を調べました。この運動の「時刻(x) − 距離(y)」グラフは、$y=x^2$ となるのでしたね。そして、この場合の「時刻(x) − 速度(v)」の関係は、$v=2x$ でした。

　これは、

　　$y=x^2$ を微分すると、$v=2x$ になる

ということです。

　そして前節では、

　　$y=x^3$ を微分すると、$v=3x^2$ になる

ことがわかりました。

　この結果を見比べてみると、なにか思いつきませんか。ひょっとすると、$y=x^4$ を微分すると、……になるかもしれないと思ってしまいますね。みなさんも予想してみましょう。

　予想できた読者は、それを確かめてみましょう。予想できなくても、$y=x^3$ のときと同じようにやってみましょう。

　まずは、$y=x^4$ のグラフを正確に描いておきます。

x	0	0.1	0.2	0.3	0.4	0.5	0.6	0.7	0.8	0.9	1
$y=x^4$	0	0.0001	0.0016	0.0081	0.0256	0.0625	0.1296	0.2401	0.4096	0.6561	1

表5　$y=x^4$ の表

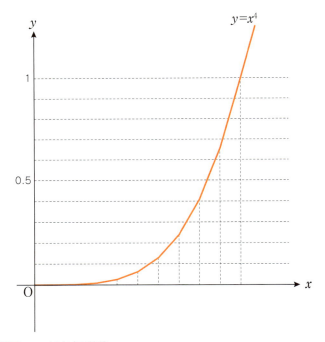

図18　$y=x^4$ の各点の接線

前節と同様に、各点における接線の傾きを求めましょう。

$x = 1.0$における接線の傾きは、図19です。

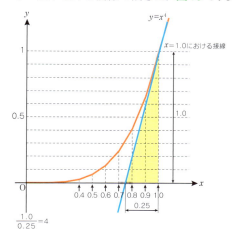

$\frac{1.0}{0.25} = 4$

図19　$y=x^4$の$x=1.0$における接線の傾き

$x = 0.9$における接線の傾きは、図20です。

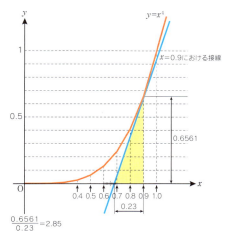

$\frac{0.6561}{0.23} = 2.85$

図20　$y=x^4$の$x=0.9$における接線の傾き

$x = 0.8$ における接線の傾きは、図21です。

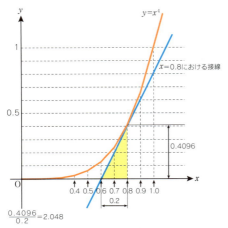

図21　$y=x^4$ の $x=0.8$ における接線の傾き

$x = 0.7$ における接線の傾きは、図22です。

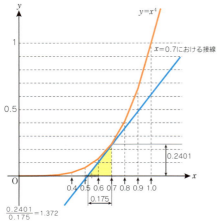

図22　$y=x^4$ の $x=0.7$ における接線の傾き

$x = 0.6$ における接線の傾きは、図23です。

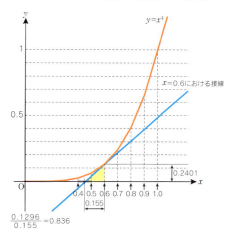

図23 $y=x^4$の$x=0.6$における接線の傾き

$x = 0.5$ における接線の傾きは、図24です。

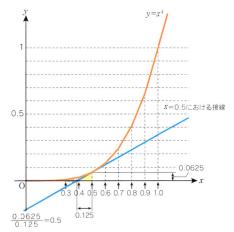

図24 $y=x^4$の$x=0.5$における接線の傾き

$x = 0.4$ における接線の傾きは、図25です。

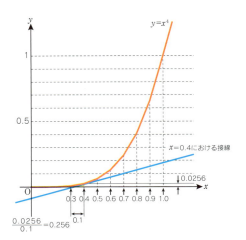

図25　$y=x^4$の$x=0.4$における接線の傾き

$x = 0.3, 0.2, 0.1$ のところは、識別が困難なので測定をあきらめました。

ここまで測定したデータを、表6にまとめましょう（$x=0.1, 0.2, 0.3$については未測定）。さて、この表6を見て、xと傾きの間にどんな規則性があるかを知るために、両対数方眼紙に表6のデータをプロットします（図26）。

x	...	0.1	0.2	0.3	0.4	0.5	0.6	0.7	0.8	0.9	1	...
傾き	...				0.256	0.5	0.836	1.372	2.048	2.85	4	

表6　$y=x^4$の各点における接線の傾き

第3章 微分の法則

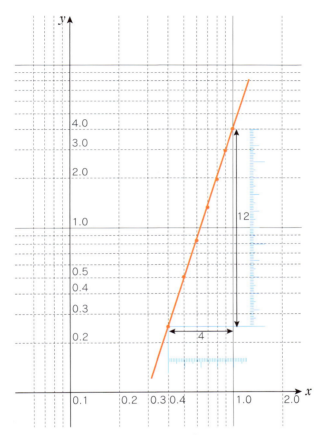

図26 $y=x^4$の各点の傾きを両対数方眼紙にプロットする

図26を見ると、こちらも点が直線上に並びます。両対数方眼紙には、横方向と縦方向にふつうの目盛りを重ねてあります。この目盛りを使って、点をつないだ直線の傾きを求めてみましょう。横方向の長さが4に対して、縦方向の長さは12になっているよう

に読めますね。このことから、グラフの傾きは3の直線になります。

　xの各値に対する接線の傾きvを測定し、両対数方眼紙にプロットしたところ、データが直線上に並びました。その直線の傾きが3なので、前々節で見たように、「vはx^3に比例する」ことがわかります。「vはx^3に比例する」ことを式で表すと、

$$v = kx^3$$

となります。

　ここでも、比例定数のkを求めましょう。

$x = 0.4$のとき、$v = 0.256$となるので、$0.256 = k \times 0.4^3$　より
$$k = \frac{0.256}{0.4^3} = 4$$

$x = 0.5$のとき、$v = 0.5$となるので、$0.5 = k \times 0.5^3$　より
$$k = \frac{0.5}{0.5^3} = 4$$

$x = 0.6$のとき、$v = 0.836$となるので、$0.836 = k \times 0.6^3$　より
$$k = \frac{0.836}{0.6^3} = 3.87 \fallingdotseq 3.9$$

$x = 0.7$のとき、$v = 1.372$となるので、$1.372 = k \times 0.7^3$　より
$$k = \frac{1.372}{0.7^3} = 4$$

$x = 0.8$のとき、$v = 2.048$となるので、$2.048 = k \times 0.8^3$　より
$$k = \frac{2.048}{0.8^3} = 4$$

$x = 0.9$ のとき、$v = 2.98$ となるので、$2.98 = k \times 0.9^3$ より
$$k = \frac{2.85}{0.9^3} = 4.08 \fallingdotseq 4.1$$

$x = 1.0$ のとき、$v = 4$ となるので、$4 = k \times 1.0^3$ より
$$k = \frac{4}{1.0^3} = 4$$

以上から、$k = 4$ と考えていいようですね。

ここまでの実験結果をまとめておきましょう。

「時刻(x) − 距離(y)」グラフが$y = x^4$となるときに、xの各点における接線の傾きを測定しました。傾きを測定するということは、$y = x^4$のグラフが運行ダイヤグラムになるような運動をしている物体の、各瞬間における速度を求めたことになります。このようにして、「時刻(x) − 速度(v)」の関係を調べたところ、

$$v = 4x^3$$

という関係があることがわかりました。

別の言い方をすると、

$y = x^4$を微分すると、$v = 4x^3$になる

ということです。

微分の結果は

　前節までで、「時刻(x) − 距離(y)の関数」から各点の接線の傾きvを求め、「時刻(x) − 速さ(v)の関数」を導くことができたのは、3つです。その結果、

$y = x^2$　を　微分すると　$v = 2x$
$y = x^3$　を　微分すると　$v = 3x^2$
$y = x^4$　を　微分すると　$v = 4x^3$

となることがわかりました。なんだか規則性が見えてきましたね。
　見えてきた規則性が本物かどうか、別の関数についても確かめてみましょう。
　$y = x$はどうでしょう？　この関数がどんなときに登場するかというと、速さが一定で移動している物体の、時刻(x)と移動距離(y)の関係を表す式です。1分間に1m進む速さのまま、1分間、2分間、3分間、…、x分間に移動したときの距離は、1m、2m、3m、…、xmになります。
　$y = x$のグラフの各点の傾きを見てみると、どこも同じ傾き1です。ですから、「時刻(x) − 速さ(v)の関数」とはいうものの、vはどんなxのときも1になるので、$v = 1$と表されます。なんと、xがなくなってしまいました。

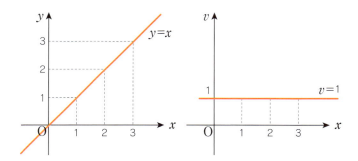

図27　$y=x$を微分すると

これは、

　$y = x$　を　微分すると　$v = 1$

ということを表しています。

　もう1つ、$y = 1$を微分するとどうなるでしょう？

　$y = 1$というのは、時間がたってxが変化しても、yは1で一定の状態です。列車運行ダイヤグラムでいうと、駅に停車している状態を表しています。当然、速さはゼロですね。グラフを描いても、傾きは0のままです。

　これは、

　$y = 1$　を　微分すると　$v = 0$

ということを表しています。

　これも式①から、$n = 0$として得られます。

　これまでの結果を並べてみましょう。どうやら規則性は本物の

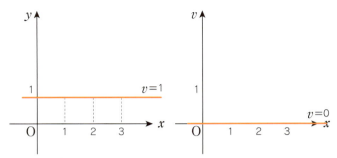

図28　$y=1$を微分すると

ようですね。

$$y = 1 \text{ を 微分すると } v = 0$$
$$y = x \text{ を 微分すると } v = 1$$
$$y = x^2 \text{ を 微分すると } v = 2x$$
$$y = x^3 \text{ を 微分すると } v = 3x^2$$
$$y = x^4 \text{ を 微分すると } v = 4x^3$$
$$\vdots \qquad\qquad \vdots$$
$$y = x^n \text{ を 微分すると } v = nx^{n-1}$$

第3章 微分の法則

微分の正式な書き方

　列車の運行やカーテンレールを転がる鉄球の運動を調べようとして、「時刻(x) – 距離(y)」グラフと「時刻(x) – 速さ(v)」グラフの2つを考えてきました。グラフに描くと、列車の運行や運動についていろいろな情報が得られますが、「時刻(x) – 距離(y)」グラフから「時刻(x) – 速さ(v)」グラフを求めると、簡単な規則性があることがわかりました。

　この流れに乗って、「時刻(x) – 距離(y)」グラフから「時刻(x) – 速さ(v)」グラフを求めることを表す、新しい記号を導入したいと思います。

　時刻と距離だけにかぎるのではなく、伴って変化するいろいろな量の関係を述べるために、関数$y = f(x)$を考えます。「時刻(x) – 距離(y)」グラフはその1つの例でした。そして、時刻xの関数yに対して速度vを考えたように、一般の関数$y = f(x)$に対しても、xが変化したときのyの変化の速さにあたる**変化の割合**、あるいは**変化率**を考えます。

　この変化の割合は、$y = f(x)$のグラフ上では、グラフの接線の傾きを表しています。xの各点において、$y = f(x)$のグラフの接線の傾きを調べて表にし、yの変化率をxの関数として求めることができます。これを**$y = f(x)$の導関数**といいます。

　$y = f(x)$が「時刻(x) – 距離(y)」グラフで表されるとき、$y = f(x)$の各点の接線の傾きを調べて「時刻(x) – 速さ(v)」グラフを得ましたね。この「時刻(x) – 速さ(v)」グラフで表されているのが、導関数$y' = f'(x)$なのです。

　$y = f(x)$の導関数のことを、**$y' = f'(x)$**と書きます。「 $'$ 」は「プ

ライム」といい、$f'(x)$ は「エフプライム x」と読むのが正しいのですが、日本では「エフダッシュ」と呼ぶのが慣例のようです。本来「ダッシュ」は「－」(横棒)のことを指すので、このように読むのは間違っているといえばそうなのですが、本書では慣例に従うことにします。

　もうお気づきかもしれませんが、関数 $y = f(x)$ からその導関数 $y' = f'(x)$ を求めることを「微分する」といいます。

　前節では、各点の接線の傾きを調べて表にし、両対数方眼紙にプロットして、傾きの規則性を調べました。その中で「微分する」ことの規則性を見つけだしました。この規則性を $f'(x)$ という記号を用いて表すと、

$$f(x) = x^n \text{を微分すると、} f'(x) = nx^{n-1} \text{である}$$

と書けることになります。

　これからはこういう書き方をしましょう。

> **微分の法則1：x^n の微分**
> $(x^n)' = nx^{n-1}$

　さて、第4章では微分の応用として、$y = f(x)$ を微分して $y' = f'(x)$ を求め、$y = f(x)$ と $y' = f'(x)$ を合わせて調べることで、関数 $y = f(x)$ の変化の仕方を調べます。

　その前に、「微分する」ことがもっと楽しく簡単にできるように、「微分する」という計算のもつ意味をもう少し考えてみたいと思います。

関数と微分の意味

 $y = f(x)$ を微分するということは、$y' = f'(x)$ を求めることでした。そのためには、$y = f(x)$ のグラフを描いて、そのグラフ上の各点において接線を引き、その接線の傾きを求めて表にしました。x が変化するときの接線の傾き y' の変化の仕方を関数として表したものが、導関数 $y' = f'(x)$ でした。

 関数 $y = f(x)$ の y の変化の仕方に注目すると、x が 0.1 だけ増加したときの y の変化は、一定の値だけ変化するわけではなく、x の値によります。x が 0.1 だけ増加したときの y の変化が一定であれば、それは1次関数と同じ変化の仕方をしているということですから、$y = f(x)$ のグラフは直線になります。

 1次関数ではない一般の関数を考えると、グラフはまっすぐにならず、y の変化の仕方も x の値によってさまざまに変化するのでした。でも、「丸い地球も住んでるところは平ら」だったことを思うと、x の動く範囲をごくせまく限定してやれば、そこでは「まっ

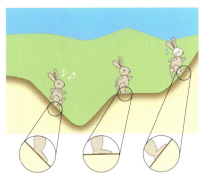

図29 接線の傾き＝足元の傾き

すぐ」になっていると感じます。その「まっすぐ」な感じでそのまま伸びていったものが接線になるので、接線を引いてその傾きを調べたのです。

➡ 関数のたし算

関数のグラフについて復習しておきましょう。

関数$y=f(x)$のグラフとは、すべてのxに対して、そのxを代入して$y=f(x)$を求め、x軸の目盛りxのところに長さがyの棒を立ててできる図形のことでした。

ではここで、2つの関数$y=f(x)$、$y=g(x)$に対して、新しく$y=f(x)+g(x)$という関数を考えてみたいと思います。この関数のグラフは、各xに対して、$f(x)$と$g(x)$を加えた長さの棒を立てることになります(図30)。

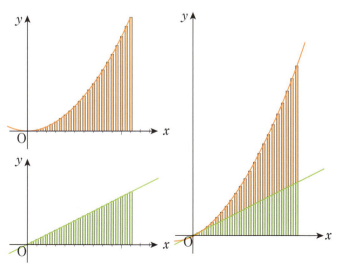

図30　$y=f(x)+g(x)$のグラフ

第3章 微分の法則

　関数のグラフを坂道に見立てると、$y = f(x)$ の坂道と $y = g(x)$ の坂道のたし算は、坂道をつくっている1本1本の縦棒を継ぎ足して、できた棒を並べた坂道をつくることになりますね。

　この坂道 $y = f(x) + g(x)$ を微分するとどうなるでしょう？

　関数 $y = f(x)$ を微分するということは、関数のグラフを坂道にたとえたときに、いま登っている坂道の足元の地面がそのまままっすぐ伸びたと考えて、坂道の傾きを求めることでした。

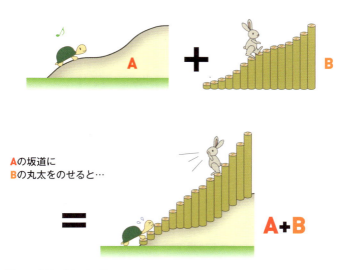

図31　$f(x)$ と $g(x)$ のたし算

　まずは、せり上がることのないまっすぐな坂道の場合を考えましょう。たとえば、$y = f(x) = 3x$ で $y = g(x) = 2x$ だったとしましょう。このとき、$y = f(x) + g(x)$ は図32のような坂道になります。

この $y = f(x) + g(x)$ の坂道の傾きは、3 + 2 = 5 になりますね。

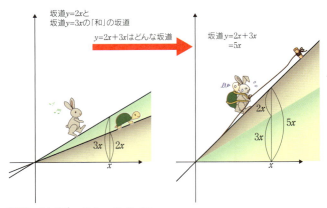

図32　たとえば$y=2x$と$y=3x$だったら

次に、せり上がるような坂道だったらどうなるでしょう？

それでも、足元を見つめながら坂道を登っている人にとっては、自分の足元の坂はまっすぐな坂道になっていると思うはずです。つまり、坂道 $y = f(x)$ の x の場所を登っているとき、自分の足元の坂がまっすぐ伸びている坂道というのは、傾きが $f'(x)$ のまっすぐな坂道のことです。

すると、$y = f(x) + g(x)$ の坂道を登っているときは、傾きが $(f(x) + g(x))'$ の坂道を登っていると感じるのですが、図32のように、$y = f(x) + g(x)$ の坂道の傾きは $f'(x) + g'(x)$ になります。

以上をまとめておきましょう。

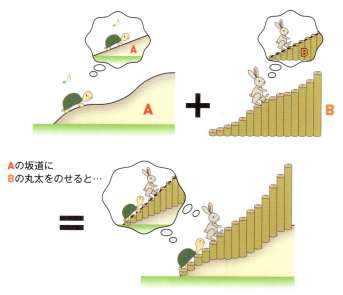

図33　$y=f(x)+g(x)$ の坂道の傾き

> 微分の法則2：$f(x)+g(x)$ の微分
> $(f(x)+g(x))'=f'(x)+g'(x)$

▶ 関数の k 倍

次に、$y=f(x)$ を2倍した関数 $y=2f(x)$ を考えてみましょう。

$y=f(x)$ のグラフは、各 x で長さが $f(x)$ の棒を立てることでした。

x の場所に立っている長さ $f(x)$ の棒の長さを2倍にした棒を立てていくと、$y=2f(x)$ のグラフができあがります（図34）。

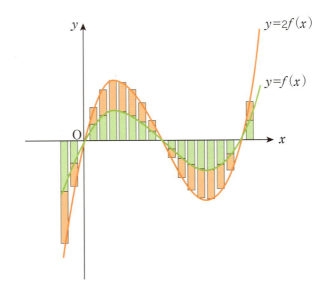

図34 $y=f(x)$の2倍とは

 このようにしてできた$y=2f(x)$のグラフを微分すると、どうなるでしょうか?

 $y=2f(x)$の坂道で、xの場所を登っているとき、自分の足元の坂がまっすぐ伸びた坂道というのは、図34の$y=2f(x)$のグラフの接線の傾きになります。この$y=2f(x)$のグラフは、$y=f(x)$のグラフの棒が2倍に伸びたものです。

 $y=f(x)$のグラフの接線は、傾き$f'(x)$の坂道ですから、立っている棒の1本1本が2倍になっていれば、当然傾きも2倍になりますね。

 したがって、次のことがわかります。

> 微分の法則3：$kf(x)$の微分
> $$(kf(x))' = kf'(x)$$

この例として、$y = 2x^3 + x^2$を微分してみましょう。

$$\begin{aligned}
y' &= (2x^3 + x^2)' \\
&= (2x^3)' + (x^2)' &&\cdots\cdots\text{微分の法則2によります} \\
&= 2(x^3)' + (x^2)' &&\cdots\cdots\text{微分の法則3によります} \\
&= 2 \times 3x^2 + 2x &&\cdots\cdots\text{微分の法則1によります} \\
&= 6x^2 + 2x
\end{aligned}$$

これまでは、微分するためにたくさんの接線を引いて傾きを求め、両対数方眼紙にプロットして……、と面倒なことをしてきましたが、それと比較するとかなり簡単になりましたね。

たったこれだけのことが新たにわかっただけで、いろいろなことができるようになります。次章で、それを確かめましょう。

3-7 微分係数

これまでは、「微分する」ためにたくさんの接線を引いて傾きを求め、両対数方眼紙にプロットして……、と面倒なことをしてきました。そうしてできた導関数と元の関数の関係を見ると、簡単な微分の法則がありました。この微分の法則を使うことによって、面倒なことをしなくても簡単に「微分する」ことができるようになりました。

導関数というのは、xのいろいろな値に対して、その点におけ

る接線を引き、その傾きを調べて、傾きの値の変化の仕方の表現として得られるものでした。ところがこれからは、「微分の法則」を用いることで機械的に「微分する」ことができるようになりました。つまり、簡単に微分して得られる導関数のxにある値を代入することで、代入したxの値に対する接線の傾きを求めることができるようになったのです。

関数$y=f(x)$のグラフは、一般的には曲がっています。なぜなら、xが変化するときは、その変化に対するyの値の変化の割合も変わっていくからです。中学校で学んだ1次関数の$y=ax+b$は、変化の割合が一定で、グラフはまっすぐな直線になりましたね。

変化の割合とは、最初に考えた列車運行ダイヤグラムでいうと、グラフの傾きでした。そして、それは列車の速度を表していました。列車の速度が変化の割合です。斜面を転がる鉄球について考えたときは、列車ダイヤグラムに相当する「時間−距離」グラフを利用しました。鉄球の転がる速度が変化するときでも、ある瞬間の速度のまま一定の速さで進むと考えると、グラフ上のその瞬間の点における接線が、鉄球の「時間−速さ」グラフになるのでした。ですから、この「接線の傾き」は、鉄球の「瞬間の速さ」を表しているといえます。

この瞬間の速さに相当するものを、一般の関数において表すのが**微分係数**です。それは関数$y=f(x)$の$x=a$における「瞬間の変化率」ともいえる値で、図形的にいうと、関数$y=f(x)$のグラフの$x=a$における接線の傾きを意味しています。

関数$y=f(x)$の$x=a$における微分係数は、$y=f(x)$を微分し、$x=a$を代入することで得られます。たとえば、斜面を転がる鉄球の運動を表す$y=f(x)=x^2$という関数について考えてみましょう。

$y = f(x) = x^2$ を微分すると $f'(x) = 2x$ ですから、これに $x = 1$ を代入すると $f'(1) = 2 \times 1 = 2$ になりますから、

  $y = f(x) = x^2$ の $x = 1$ における微分係数は、2である

となります。この2という値は、実験の $x = 1$ のところで水平方向に転がしたときの速度2を意味しています。つまり、$y = f(x) = x^2$ の $x = 1$ における瞬間の変化率を表すのです。

この瞬間の変化率は、ふつうは簡単に**変化率**といわれています。

第4章

微分の応用

　列車ダイヤのグラフの傾きを測定して微分しましたが、微分の法則1〜3を使うと簡単に導関数を求めることができるようになりました。
　一般の関数 $y=f(x)$ から、この方法で求められる導関数 $f'(x)$ を用いると、もとの関数 $y=f(x)$ の値の変化の仕方がわかるようになります。

増えているか・減っているかを調べよう

東京を目指して走る列車は**上り列車**と呼ばれ、反対に東京から遠ざかる向きに走る列車は、**下り列車**と呼ばれます。列車運行ダイヤグラムを見ると、その列車が上り列車であるか下り列車であるかが、ひと目でわかります。

第1章の図1の列車運行ダイヤグラムを見ると、上り列車は右上がりの折れ線になっているのに対して、下り列車は右下がりの折れ線になっています。このグラフでは、縦軸には新青森駅からの距離がとられています。新青森駅を出発した列車は、時間がたつにつれ駅からの距離が大きくなっていきますから、列車運行ダイヤグラムが右上がりになります。一方の下り列車は、東京駅から出発して新青森駅に向かうので、時間がたつにつれ新青森との距離は小さくなっていきます。そのため、列車運行ダイヤグラムは右下がりになります。

ではここで、関数の変化の仕方と導関数との関係を考えてみましょう。例として $y = f(x) = x^2$ という関数を取り上げます。$y = f(x) = x^2$ を微分しましょう。微分の法則1より、

$$f'(x) = (x^2)' = 2x^{2-1} = 2x$$

になります。

この $y = f(x) = x^2$ という関数がどのように変化するかは、中学校のときに学んでいます。

この関数のグラフは、第2章でもくわしく値を求めてグラフにしています（32ページの図4）。

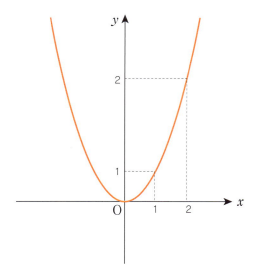

図2　$y=x^2$のグラフ

　では、このグラフの$x<0$の部分を見てみましょう。xが大きくなるにつれて、yは小さくなっています。関数$y=f(x)$がこのような状態のとき、**$y=f(x)$は減少している**といいます。次に、$x>0$の部分を見てみましょう。こちらは、xが大きくなるにつれ、yも大きくなっています。このような状態のとき、**$y=f(x)$は増加している**といいます。

　「$y=f(x)$が増加している」ということは、$y=f(x)$のグラフが右上がりになっているということです。であれば、$y=f(x)$の接線も右上がりになりますね。また、「$y=f(x)$が減少している」ということは、$y=f(x)$のグラフが右下がりであり、それは$y=f(x)$の接線も右下がりになることを意味します。

中学校で学んだ1次関数 $y = ax + b$ のグラフでは、右上がりのグラフのときは $a > 0$ であり、右下がりのグラフのときは $a < 0$ でした。つまり、x の係数 a の正負によって、グラフが右上がりか、右下がりかがわかりました。

　このことから、「$f'(x)$ の符号が正である」状態は、$y = f(x)$ の接線の傾きが正になり、接線が右上がりだとわかります。逆に、接線が右上がりであれば、$y = f(x)$ のグラフも右上がりになり、「$y = f(x)$ は増加している」ことがわかります。

　同様に、「$f'(x)$ の符号が負である」状態では、$y = f(x)$ の接線が負になり、接線が右下がりだとわかります。接線が右下がりであれば、$y = f(x)$ も右下がりになり、「$y = f(x)$ は減少している」ことがわかります。

　図2は、$y' = f'(x)$ のグラフ（上）と $y = f(x)$ のグラフ（下）を並べて描いたものです。上で述べたことを確認してみましょう。

　$x > 0$（y 軸の右側）では、$y' = f'(x)$ のグラフは x 軸よりも上側にあり、$y' > 0$ であることがわかります。$y = f(x)$ のグラフを見ると、同じ $x > 0$ では、$y = f(x)$ のグラフが右上がりになっていて、増加していることがわかります。

　$x < 0$（y 軸の左側）では、$y' = f'(x)$ のグラフは x 軸よりも下側にあり、$y' < 0$ であることがわかります。$y = f(x)$ のグラフを見ると、同じ $x < 0$ では、$y = f(x)$ のグラフが右下がりになっていて、減少していることがわかります。

　このように、$y' = f'(x)$ が正であるか負であるかを調べると、$y = f(x)$ のグラフが右上がりか右下がりかを判定できるのです。

第4章 微分の応用

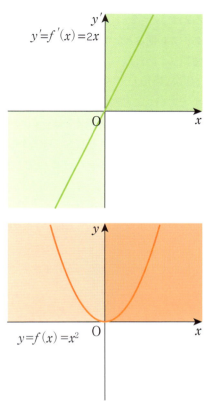

図2　$y'=f'(x)=2x$のグラフと$y=f(x)=x^2$のグラフ

　これを確かめるために、$y=f(x)=x^2-2x-1$という関数を考えてみましょう。この関数のグラフがどういうものになるかは、パッと見ただけだとわかりません。そこで、$y=f(x)$を微分してみましょう。$y'=f'(x)=2x-2$になりますね。この$y'=f'(x)=2x-2$の符号を調べるために、$y'=2x-2$のグラフを描いてみます。

$y' = 0$となるxは、$y' = 2x - 2 = 0$より$x = 1$です。そして、$y' = 2x - 2$のグラフを見るとわかるように、$x > 1$では$y' > 0$となっています。また$x < 1$では$y' < 0$となっています。そうすると、$x > 1$では$y = f(x)$は増加していることがわかります。$x < 1$では$y = f(x)$は減少していることがわかります。xの値が-3, -2, -1, …と増えていくとき、$x = 1$になるまでは$y' < 0$であり、$y = f(x)$は減少し続けます。そして、$x = 1$を境に、そこから$x = 2$, 3, …と増えていくと、$y' > 0$となり、$y = f(x)$は増加し続けます。減少から増加に転ずる$x = 1$では、$y = f(1) = 1^2 - 2 \times 1 - 1 = -2$となります。

　このように考えると、$y = f(x) = x^2 - 2x - 1$のグラフは、$x = 1$までは減少し続け、$x = 1$のときに$y = -2$になり、そこから転じて増加し続ける、と変化することがわかります。これをグラフにすると、図3のようになるでしょう。

　実は、高校の数学Ⅰで2次関数を学んだときに、$y = f(x) = x^2 - 2x - 1$のグラフを描くために

$$y = x^2 - 2x - 1$$
$$= (x - 1)^2 - 2$$

という変形をしました。

　そして、この変形から$y = x^2 - 2x - 1$のグラフが、$y = x^2$のグラフをx軸方向に1、y軸方向に-2平行移動したものになることがわかったのでした。このグラフは、導関数y'の符号を調べて、増減を知ることで得られたグラフの形に一致していますね。

　すなわち、微分して導関数の符号を調べることができれば、上

第4章 微分の応用

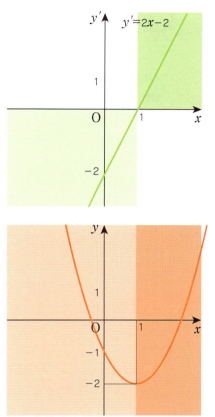

図3　$y'=f'(x)=2x-2$のグラフと$y=f(x)=x^2-2x-1$のグラフ

記のような2次関数の変形をしなくてもよくなるのです。

　それだけではありません。グラフの形がどうなるか予想できないような関数でも、同じ方法でグラフのだいたいの形がわかってしまいます。

グラフの形がわかってしまう

　前節で説明したことの例として、$y = f(x) = x^3 - 3x$ を考えてみましょう。これは**3次関数**ですね。3次関数のグラフがどうなるかなんて、これまで勉強したことはないはずです。

　それでも、微分して導関数 $y'(x)$ の符号を調べるだけで、グラフのだいたいの形がわかってしまいます。

　では、$y = f(x) = x^3 - 3x$ を微分してみましょう。

$$y' = (x^3 - 3x)' = 3x^2 - 3$$

となりますね。

　導関数 $y' = 3x^2 - 3$ の符号がどうなるか調べましょう。$3x^2 - 3$ という式の値の符号を調べるには、$3x^2 - 3$ を積の形にする中学校で学んだ因数分解が有効です。

$$3x^2 - 3 = 3(x^2 - 1) = 3(x + 1)(x - 1)$$

　こんな積の形で、**因数**である $x + 1$ と $x - 1$ の符号がわかれば、それを組み合わせることで、$3x^2 - 3$ の符号がどうなるかが判定できます。

　$(x + 1)$ の符号を考えましょう。$x + 1 = 0$ になるのは、$x = -1$ ですね。$x = \cdots,\ -4,\ -3,\ -2,\ \cdots$ というようにだんだん大きくなって、$x = -1$ に達するまではずっと $x + 1 < 0$ です。そして、$x = -1$ を過ぎて $x = \cdots,\ 0,\ 1,\ \cdots$ と大きくなっていくと、ずっと $x + 1 > 0$ です。

これを表1にまとめておきましょう。

x	$x<-1$	-1	$x>-1$
$x+1$	−	0	+

表1 $x+1$の符号

次に、$x-1$の符号を考えましょう。$x-1=0$となるのは、$x=1$です。xが1より小さいうちは$x-1<0$です。そして$x=1$を超えて、xが1より大きくなると$x-1>0$となります。これも同じように表2にまとめておきましょう。

x	$x<1$	1	$x>1$
$x-1$	−	0	+

表2 $x-1$の符号

この2つの表を合体しましょう。xが…−4, −3, −2, …とだんだん大きくなって$x=-1$まで、そして、$x=-1$を超えて大きくなり$x=1$まで、さらに$x=1$を超えて…2, 3, 4, …と大きくなっていきます。そのときの$x+1$の符号と$x-1$の符号を、1つの表にまとめるのです（表3）。

x	$x<-1$	-1	$-1<x<1$	1	$x>1$
$x+1$	−	0	+	+	+
$x-1$	−	−	−	0	+

表3 $x+1$と$x-1$の符号

これで、2つの因数 $x+1$、$x-1$ の符号を調べることができました。表3を見ると、$(x+1)(x-1)$ の符号が判定できます。

　たとえば、$x<-1$ のところではどうなっているでしょう。$x+1$ の符号が −で、$x-1$ の符号も − です。このことから、$(x+1)\times(x-1)$ の符号は $(-)\times(-)=(+)$ となりますね。$x=-1$ のところは、$x+1$ は 0 で、$x-1$ の符号は − です。これから、$(x+1)\times(x-1)$ は $(0)\times(-)=(0)$ となります。同様にして、表4の $y'=3(x+1)(x-1)$ の項に符号を入れます。

x	$x<-1$	-1	$-1<x<1$	1	$x>1$
$x+1$	−	0	+	+	+
$x-1$	−	−	−	0	+
$y'=3(x+1)(x+1)$	+	0	−	0	+

表4　y'の符号

これで導関数 $y'=f'(x)$ の符号がわかりました。$y'>0$（y'の符号が ＋）であれば、$y=f(x)$ の接線の傾きが正となり、接線は右上がりの直線になります。これで、$y=f(x)$ は増加していることがわかります。「$y=f(x)$ が増加している」ことを示すために、記号「↗」を使いましょう。$y'<0$（y'の符号が −）であれば、$y=f(x)$ の接線の傾きが負となり、接線は右下がりの直線になります。これから、$y=f(x)$ は減少していることがわかります。「$y=f(x)$ が減少している」ことを示すために、記号「↘」を使いましょう。さらに、$x=-1$ のときの $y=f(x)$ の値 $f(-1)$ と、$x=1$ のときの $y=f(x)$ の値 $f(1)$ を求めておきましょう。

$$f(-1) = (-1)^3 - 3 \times (-1) = 2$$
$$f(1) \ \ \ = (1)^3 - 3 \times 1 = -2$$

以上の ↗、↘ や y の値を表4につけ加えて、表5にします。

x	$x<-1$	-1	$-1<x<1$	1	$x>1$
$x+1$	−	0	+	+	+
$x-1$	−	−	−	0	+
$y'=3(x+1)(x-1)$	+	0	−	0	+
$y=x^3-3x$	↗	2	↘	−2	↗

表5 y の増減

　グラフの形を描くには、矢印 ↗、↘、↗ のとおりに鉛筆を動かしてみましょう。最初の ↗ から ↘ に変化する $x=-1$ では、$y=f(x)=2$ ですから、点 $(-1,\ 2)$ に向けて ↗ のように鉛筆を動かしていき、点 $(-1,\ 2)$ に達したところで、鉛筆の動く方向を変えて、↘ のように動かしていきます。$x=1$ になると $y=f(x)=-2$ となるので、点 $(1,\ -2)$ に向けて鉛筆を動かします。そうして、この点 $(1,\ -2)$ に達したら、また鉛筆の動く方向を変えて、↗ の方向に動かします。

　このようにグラフを描くと、$y=f(x)$ のグラフは図4のような形になるでしょう。

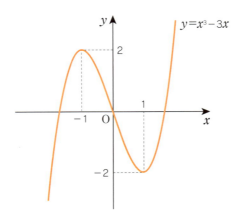

図4 $y=x^3-3x$ のグラフ

実際にこのようなグラフになるのでしょうか。

関数 $y=f(x)$ のグラフとは、x のいろいろな値に対して $y=f(x)$ を計算し、x 軸上の目盛り x のところで、長さ y の棒を立ててできる図形のことでした。

たとえば、表6の計算結果をグラフにすると、図5のようになります。

x	0	0.2	0.4	0.6	0.8	1	1.2	1.4	1.6	1.8	2	…
$y=x^3-3x$	0	−0.6	−1.1	−1.6	−1.9	−2	−1.9	−1.5	−0.7	0.4	2	…
x	…	−2	−1.8	−1.6	−1.4	−1.2	−1	−0.8	−0.6	−0.4	−0.2	0
$y=x^3-3x$	…	−2	−0.4	0.7	1.5	1.9	2	1.9	1.6	1.2	0.6	0

表6 $y=x^3-3x$ の表(小数点第2位を四捨五入している)

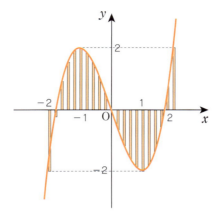

図5 各点の値を計算して描いた$y=f(x)=x^3-3x$のグラフ

　図5のグラフは、図4で描いた形とそっくりになりましたね。これまで関数のグラフを描くには、表6のように各xについて$y=f(x)$の値を計算し、長さyの棒を立ててきましたが、これからは微分して、$f'(x)$の符号を調べるだけで、だいたいの形が描けるようになったのです。

　関数$y=f(x)$に対して、xがいろいろな値をとって変化するとき、どこで増加し、どこで減少しているかを調べることを、**$y=f(x)$の増減を調べる**といいます。

　関数$y=f(x)$の値がどのように変化しているのかを知りたいときに、「$y=f(x)$の増減を調べなさい」という問題をだされることがあります。増減を調べなさいという問いに対しては、ここで見てきたように、$y=f(x)$を微分して、$y'=f'(x)$の符号を調べ、それによって増加・減少を判定することになります。そして最終的には、上記の場合であれば

　　$x<-1$、$x>1$において、$y=f(x)$は増加

$-1 < x < 1$において、$y = f(x)$は減少

という形で答えることになります。
　こうした結論となる理由まで含めて説明できるということで、表7のような表をつくって示してもよいでしょう。このようなものを、**$y = f(x)$ の増減表**といいます。増加しているか、減少しているかを判定する直接のデータとしては、$f'(x)$ の符号だけでいいので、表7のように簡単にしたものが一般的です。

x	$x<-1$	-1	$-1<x<1$	1	$x>1$
y'	+	0	−	0	+
y	↗	2	↘	−2	↗

表7　$y=x^3-3x$ の増減表

　このような増減表が一般的ですが、この表を作るためには、実は表5のようなことを調べた上でできているのです。
　最後に、$y = f'(x)$ のグラフと $y = f(x)$ のグラフを縦に並べて示します（図6）。$y' > 0$ となる部分で $y = f(x)$ が増加し、$y' < 0$ となる部分で $y = f(x)$ が減少していることを確かめましょう。

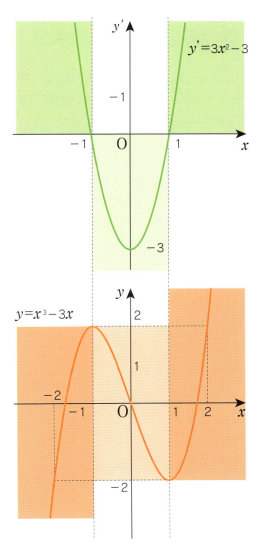

図6 $y=f'(x)$と$y=f(x)$のグラフを縦に並べる

微分の応用　最大・最小

前節で見たように、関数の式が与えられたときに、微分して導関数の符号を調べるだけで、その関数が増加するか減少するかがわかります。この応用を考えてみましょう。

自動販売機やコンビニなどで、四角い紙製パッケージに入ったジュースや牛乳を買って飲んだ経験があると思います。あのパッケージにはどんな秘密があると思いますか？

たとえばパッケージのサイズを決定するときは、決められた量のジュースが入るのはもちろん、できれば原材料の紙が少なくてすむような大きさにしたいものです。そうした最適値を求めたいときに、微分が役に立つのです。

では、四角いパッケージがどのようにしてできているかを、箱を開いて調べてみましょう。

まず、折り込まれてのりづけされている三角の部分を広げます。

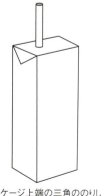

図7　パッケージ上端の三角ののりしろ部分を確認

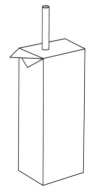

図8　のりしろを広げる

第4章 微分の応用

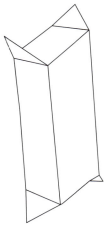
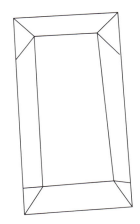

図9　4カ所ののりしろを広げる

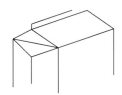
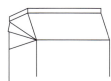
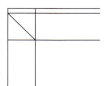

図10　平らに広げる

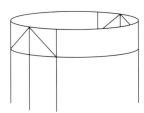

図11　展開イメージ

原材料となる紙は、きっと大きなロールになって工場に運ばれるのでしょう。そして、表面に印刷や防水処理を施したのち、紙を筒状にして、決められた長さになるように切断するのでしょう。筒状になった紙の上端と下端を接着して折り込み、直方体のパッケージができあがるのだと思います。

　飲み終えた紙パッケージを平らにしたとき、図11のように四隅に正方形の部分ができます。ここをのりしろにして直方体がつくられています。

　では、実際の紙の大きさをきちんと測ってみましょう（図12）。

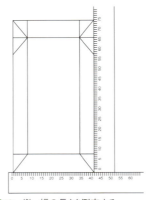

図12　縦・横の長さを測定する

　紙を平らにしてできる長方形を計測してみると、縦15.5cm、横8.4cm（接着に使用される部分を除き、直方体をつくる部分）となっていました。この長方形の四隅の正方形をのりしろにしたときにできる、直方体の容積を計算してみましょう。

➡ のりしろが一辺1cmの正方形であるとき

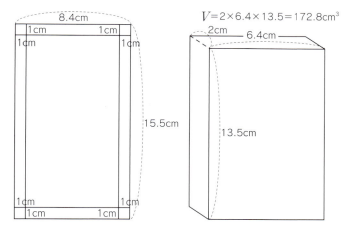

図13　のりしろが一辺1cmの正方形であるとき

➡ のりしろが一辺2cmの正方形であるとき

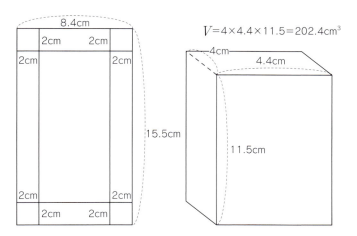

図14　のりしろが一辺2cmの正方形であるとき

このようにして、のりしろをいろいろな大きさの正方形にしたときに、できあがる直方体の容積を計算してみると、次のようになります。

一辺1cmの正方形のとき　…$V = 2 \times 6.4 \times 13.5 = 172.8 \text{cm}^3$
一辺1.5cmの正方形のとき　…$V = 3 \times 5.4 \times 12.5 = 202.5 \text{cm}^3$
一辺2cmの正方形のとき　…$V = 4 \times 4.4 \times 11.5 = 202.4 \text{cm}^3$
一辺2.5cmの正方形のとき　…$V = 5 \times 3.4 \times 10.5 = 178.5 \text{cm}^3$
一辺3cmの正方形のとき　…$V = 6 \times 2.4 \times 9.5 = 136.8 \text{cm}^3$

このジュースは内容量が200mlなので、1.5cmと2.0cmのもの以外は容量が不足します。製品メーカーとしては、定められた容量にしなければなりません。その中でできるだけコストダウンに努めているでしょうから、同じ量の原料から箱をつくったとき、直方体の容積ができるだけ大きくなるようにしたいものです。

正方形の大きさをどう決めたらいいでしょうか。

上記のようにいろいろなサイズの正方形を全部試してみればいいのでしょうが、全部やるのは現実的ではありません。こんなときに頼りになるのが、文字xでした。

正方形の一辺を$x$cmとすると

$$\begin{aligned} V &= 2x(8.4 - 2x)(15.5 - 2x) \\ &= 2x(4x^2 - 47.8x + 130.2) \\ &= 8x^3 - 95.6x^2 + 260.4x \end{aligned}$$

となります。この関数$V = V(x)$の値の変化を調べてみましょう。

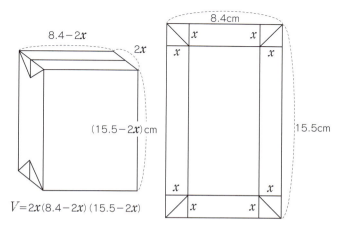

$V = 2x(8.4-2x)(15.5-2x)$

図15 のりしろの正方形の一辺をxとすると

関数の値の変化を調べるためには、微分して導関数の符号を調べるのでしたね。

$$V' = 24x^2 - 191.2x + 260.4$$

V'の符号を調べるために、前節では因数分解をしました。けれども、このような実際の場面ででてくる式は、きれいな変形ができません。V'の符号が変化するのは、$V'=0$となるxです。$V' = 24x^2 - 191.2x + 260.4 = 0$は2次方程式です。

2次方程式$ax^2 + bx + c = 0$の解は

$$x = \frac{-b \pm \sqrt{b^2 - 4ac}}{2a}$$

でしたから

$a = 24$, $b = -191.2$, $c = 260.4$

を代入しましょう。

$$x = \frac{191.2 \pm \sqrt{(191.2)^2 - 4 \times 24 \times 260.4}}{2 \times 24}$$

$$= \frac{191.2 \pm \sqrt{36557.44 - 24998.4}}{48} = \frac{191.2 \pm \sqrt{11559.04}}{48}$$

$$= \frac{191.2 \pm 107.51}{48}$$

$$= 6.22,\ 1.74$$

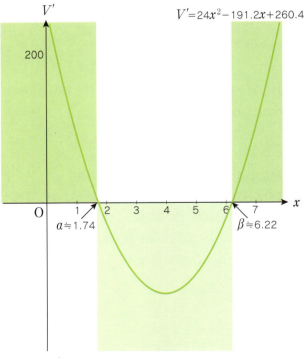

図16 導関数 V' のグラフ

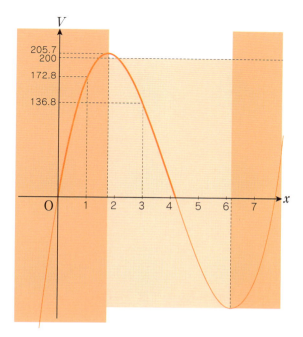

図17　Vのグラフ

ここで、$\alpha = 1.74\cdots$、$\beta = 6.22\cdots$ とすると、導関数 V' のグラフは図16のようになります。

グラフより、$x < \alpha$ と $x > \beta$ では $V' > 0$ となっていて、$\alpha < x < \beta$ では $V' < 0$ となっていることがわかります。このことから、増減表は表8のようになります。

x		α		β	
V'	+	0	−	0	+
V	↗		↘		↗

表8　Vの増減表

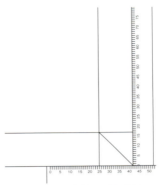

図18　実際のパッケージののりしろの正方形の一辺の測定
　　　実際のパックも1.7cmぐらいになっている

　図17を見ると、$x = 1.7$ ぐらいのときに体積 V が最大になるようです。実際の形はどうでしょう？　測定してみましょう（図18）。

　実際の製品パッケージでは、必要な容量を得るにあたって、原材料が最小ですむように計算されているようですね。それだけではありません。この $x ≒ 1.7$ という値は、$V' = 0$ を解いてでてきた値です。$x = 1.7$ では接線の傾きが0になるのですから、x が少しくらい変化しても V の値は変化しないような値です。

　工場で製品をつくるときには、計算どおりピッタリの値にならないことがあるかもしれません。多少ずれたとしても、V の値がほとんど変化しないようなところになっているのです。製造過程で生じる誤差があっても、決められた容量はしっかり確保できるということですね。

　$x = 1.7$ のときの V は205.7になるので、容量にも若干の余裕があります。

極値

　前節までで、ジュースのパッケージのつくり方を考えました。のりしろにする正方形の一辺の長さをxとしたときに、xの長さが変わるとできあがるパッケージの容量も変化しました。その変化の仕方を、「微分する」という方法で調べました。

　このとき、パッケージの容量Vがxの3次関数になりましたね。

　一般に3次関数のグラフは、$y = x^3 - 3x$のグラフ(102ページの図4)のような形になるのですが(x^3の係数が正のとき)、この$y = x^3 - 3x$のグラフでは、$x = -1$において増加から減少の状態に変化して、グラフの形が山型になります。その後、谷をへてまた増加し始め、どんどん大きくなっていきます。山の頂上は決して最大になる場所ではありませんでした。

　けれども、この山の頂上付近の変化の仕方は、もっと特色があります。それは、頂上近くではyの変化がほとんどなくなることです。工場でジュースのパッケージをつくるようなときには、製造機器の調子によって、多少の誤差は覚悟しなければなりませんが、そういう誤差の心配があまり必要のないところになるのです。

　このように、xのある値aの周辺で、yの値が増加から減少に変化するところは重要なので、**yは極大である**といって特別に注意を向けます。

　同様に、yの値が減少から増加に変化するところでは、**yは極小である**といいます。

　極大になったり極小になったりするところでは、**微分係数がゼロになる**という著しい特徴があるのです。

4 接線

 最後に、接線の方程式に触れておきましょう。$y=f(x)$ の $x=a$ における微分係数 $f'(a)$ は、$y=f(x)$ のグラフの $x=a$ の点における接線の傾きを表すのでした。これを使うと、この接線の方程式を書くことができます。

 座標平面上で、点 (a, b) を通る直線はたくさんありますが、さらに傾きが m であるという条件をつけると、直線は1つに決まってしまいます。原点を通る傾きが m の直線は、$y=mx$ と表されることを中学校で学びました。

 この直線を x 軸方向に a 平行移動し、y 軸方向に b 平行移動すると、点 (a, b) を通る傾き m の直線になります。

 ところで、x 軸方向に a 平行移動すると、直線の方程式は、x の代わりに $x-a$ に置き換えたものに変わります。また、y 軸方向に b 平行移動すると、直線の方程式は、y の代わりに $y-b$ に置き換えたものに変わります。

 したがって、点 (a, b) を通り、傾き m の直線の方程式は

$$y-b=m(x-a)$$

となります。

 さて、$y=f(x)$ のグラフの $x=a$ の点における接線とは、点 $(a, f(a))$ を通り傾きが $f'(a)$ の直線となるので、その方程式は

$$y=f(a)+f'(a)(x-a)$$

となります。

第5章

積分とは

　スマートフォンの「速度計アプリ」を使うと座席に座っていながら列車の速度が測定できます。
　速度の変化がわかると列車がどこを走っているかわかるようになります。どうすればわかるのでしょうか？
　これから述べる積分法が解決してくれます。

5-1 道のり・速さ・時間の関係

走行する新幹線の位置を、速度の変化から求めてみましょう。

一定の速さで1時間に300km進む新幹線を考えます。1時間で300km進むと、2時間では600km進みます。現在の新幹線が3時間もこの速度で走り続けることはありませんが、3時間だと900kmになります。もっと短い時間でも、速さが一定であれば計算できます。30分だと1時間の半分なので150kmですし、10分だと1時間の $\frac{1}{6}$ なので50kmですね。

このような計算ができるのは、一定の速さで進み、かかった時間 t と移動した距離 s が比例するからです。このとき、

$$\text{速さ}\,v = \frac{\text{移動距離}\,s}{\text{時間}\,t} \quad \cdots\cdots ①$$

$$\text{移動距離}\,s = \text{速さ}\,v \times \text{時間}\,t \quad \cdots\cdots ②$$

という関係が成り立ちます。

列車運行ダイヤグラムから、グラフの傾きを求めて速さを導きましたが、それは①の関係式を用いたのです。

式①の分母を払うと式②になります。この式こそ、スピードメーターを見ながら新幹線がいまどこを走っているかを調べるために使われるものです。

第5章 積分とは

速さと時間から距離を求める

　一定の速さで進むときは、式②を使うことで速さと時間から移動距離を求めることができました。

　第1章で、東北新幹線のはやぶさ4号の運行を調べたことを思いだしてください。はやぶさ4号は新青森駅を出発すると、3時間6分かけて東京駅に到着します。時刻表から、はやぶさ4号の各駅間の平均の速さを求めてみると

　　　新青森から八戸までの24分間は、時速約205kmで進む
　　　八戸から盛岡までの30分間は、時速約193kmで進む
　　　盛岡から仙台までの39分間は、時速約283kmで進む
　　　仙台から大宮までの70分間は、時速約276kmで進む
　　　大宮から東京までの23分間は、時速約80kmで進む

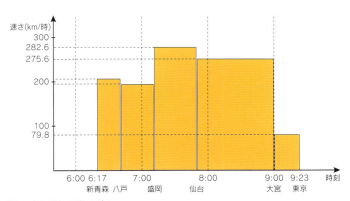

図1　各区間の平均の速さ

となります。これをグラフ化した第1章の図6を、もう一度見てみましょう (図1)。

各区間の平均の速さがわかっているので、区間ごとに式②を用いて、速さと時間から区間ごとの距離を求めることができます。

新青森〜八戸　　　　　　$205 \times \dfrac{24}{60} \fallingdotseq 82 \mathrm{km}$

八戸〜盛岡　　　　　　　$193 \times \dfrac{30}{60} \fallingdotseq 97 \mathrm{km}$

盛岡〜仙台　　　　　　　$283 \times \dfrac{39}{60} \fallingdotseq 184 \mathrm{km}$

仙台〜大宮　　　　　　　$276 \times \dfrac{70}{60} \fallingdotseq 322 \mathrm{km}$

大宮〜東京　　　　　　　$80 \times \dfrac{24}{60} \fallingdotseq 32 \mathrm{km}$

平均の速さは、時刻表の時間と営業キロから求めたものなので当然の結果といえますが、このように各区間の平均の速さが変化しても、区間ごとの移動距離を計算していけば、新青森〜東京間の距離は

82 + 97 + 184 + 322 + 32 = 717km

というように求められることがわかるでしょう。

5-3 速さが変化しても速さと時間から現在地がわかるか?

前節の計算では、駅と駅の間は一定の速さで移動するものと仮定して、その間の平均の速さを用いています。けれども実際の新幹線は、発車してからしばらく加速を続けたあとに、一定の速さで走り続け、次の駅の手前から減速していき、なめらかに停車します。

こうした速さが変化する様子を、新幹線の座席に座りながら確認するには、スマートフォンのGPS機能を用いる「速度計アプリ」が有効です。

実際に計測してみると、加速中は時速を示す数値が1秒間に2ないし3ぐらいずつ増えていくことがわかります。

表1は、東海道新幹線上りのひかり号に乗車して、新横浜駅を発車してから5秒ごとの速度をまとめたものです。

この表1をグラフ(図2)にしてみました。5秒ごとの速度をとって、その間を折れ線でつないでいます。

前節でも、各駅間の平均の速さは違っていたので、区間ごとに速さが一定であると仮定して、列車の移動距離を算出しました。ここでも、データをとった5秒間ごとの始めと終わりの速さの中間をとり、これを平均の速さと考えて、前節と同じように列車の移動距離を計算してみましょう。

図2の「速さ-時間」のグラフを元に、5秒間ずつ平均の速さに変更した図3につくり直すわけです。

では、表1のデータを用いて計算してみましょう。

出発時の速さは0km/時、5秒後の速さは4km/時なので、この間の平均の速さは、$\frac{0+4}{2}=2$km/時とします。したがって、

時間(秒)	速さ(km/時)	時間(秒)	速さ(km/時)	時間(秒)	速さ(km/時)	時間(秒)	速さ(km/時)
0	0	180	122	360	108	540	66
5	4	185	122	365	107	545	67
10	8	190	115	370	108	550	54
15	16	195	116	375	104	555	47
20	24	200	114	380	103	560	44
25	35	205	111	385	105	565	35
30	55	210	113	390	106	570	25
35	70	215	112	395	105	575	15
40	86	220	110	400	107	580	15
45	93	225	110	405	107	585	12
50	123	230	105	410	105	590	9
55	138	235	105	415	106	595	4
60	146	240	105	420	108	600	0
65	161	245	105	425	104		
70	169	250	107	430	106		
75	181	255	109	435	104		
80	185	260	120	440	96		
85	185	265	125	445	88		
90	185	270	137	450	87		
95	211	275	148	455	85		
100	216	280	156	460	86		
105	221	285	157	465	87		
110	229	290	162	470	87		
115	230	295	161	475	87		
120	226	300	165	480	83		
125	218	305	168	485	81		
130	205	310	166	490	74		
135	199	315	167	495	68		
140	199	320	164	500	68		
145	199	325	163	505	67		
150	164	330	161	510	68		
155	164	335	152	515	66		
160	160	340	133	520	63		
165	156	345	120	525	63		
170	147	350	110	530	63		
175	137	355	107	535	63		

表1　発車後5秒ごとの速さの記録（新横浜〜品川）

第5章 積分とは

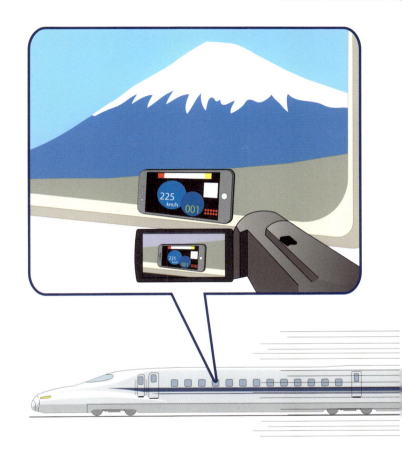

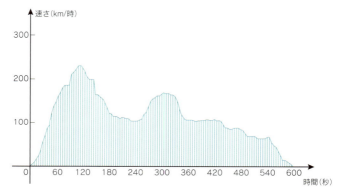

図2 発車後5秒ごとの「速さ-時間」のグラフ(新横浜〜品川)

最初の5秒間で移動した距離は、

$$2\text{km/時} \times \frac{5}{60 \times 60}\text{時} = 0.002778\text{km} \fallingdotseq 2.8\text{m}$$

次の5秒間は、4km/時から8km/時なので、この間の平均の速さは$\frac{4+8}{2} = 6$km/時で、この5秒間に移動した距離は、

$$6\text{km/時} \times \frac{5}{60 \times 60}\text{時} = 0.008333\text{km} \fallingdotseq 8.3\text{m}$$

次の5秒間は、8km/時から16km/時なので、平均の速さは$\frac{8+16}{2} = 12$km/時で、この5秒間に移動した距離は、

$$12\text{km/時} \times \frac{5}{60 \times 60}\text{時} = 0.016667\text{km} \fallingdotseq 17\text{m}$$

となります。

以下、5秒ごとに移動した距離を同様に計算すると、

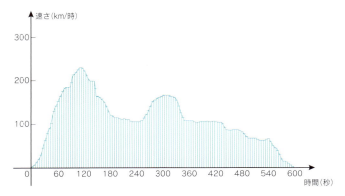

図3 発車後5秒間隔の平均の速さのグラフ(新横浜〜品川)

$$\frac{16+24}{2} \times \frac{5}{60 \times 60} = 0.027778 \text{km} \fallingdotseq 28\text{m}$$

$$\frac{24+35}{2} \times \frac{5}{60 \times 60} = 0.040972 \text{km} \fallingdotseq 41\text{m}$$

$$\frac{35+55}{2} \times \frac{5}{60 \times 60} = 0.0625 \text{km} \fallingdotseq 63\text{m}$$

$$\frac{55+70}{2} \times \frac{5}{60 \times 60} = 0.0886806 \text{km} \fallingdotseq 89\text{m}$$

$$\frac{70+86}{2} \times \frac{5}{60 \times 60} = 0.108333 \text{km} \fallingdotseq 108\text{m}$$

$$\frac{86+93}{2} \times \frac{5}{60 \times 60} = 0.124306 \text{km} \fallingdotseq 124\text{m}$$

$$\frac{93+123}{2} \times \frac{5}{60 \times 60} = 0.15 \text{km} = 150\text{m}$$

$$\frac{123+138}{2} \times \frac{5}{60 \times 60} = 0.18125 \text{km} \fallingdotseq 181\text{m}$$

$$\frac{138+146}{2} \times \frac{5}{60 \times 60} = 0.19722 \text{km} \fallingdotseq 197\text{m}$$

となります。ここで得られた5秒ごとに移動した距離を加えていくと、出発してから1分間に移動した距離を求めることができます。

2.8 + 8.3 + 17 + 28 + 41 + 63 + 89 + 108 + 124 + 150 + 181 + 197 = 1009.1m

出発してから1分間に、1kmほど移動していますね。

ところで、こうして計算した値は正しいのでしょうか？

時刻表に載っている営業キロは、料金計算のために使われる値です。新幹線以外でも新横浜〜品川駅間を電車で移動することは可能で、利用する列車によって料金が不平等にならないように駅間の距離が決められています。東海道新幹線の線路の実際の長さについても、インターネットなどで調べると知ることができます。新横浜から品川駅までの新幹線が走る実際の距離は、18.7kmということです。

先ほど、新横浜駅を発車した新幹線ひかり号の最初の1分間の移動距離を求めましたが、同じ作業を繰り返して、品川駅に到着するまで計算してみましょう。はたして、実際の距離である18.7kmになるでしょうか？

表2、3の「累積」の欄は、新幹線ひかり号が新横浜駅を発車してから5秒間ごとに進んだ距離を、順に加えていった結果です。ひかり号は新横浜駅を発車してからちょうど10分で品川駅に到着します。そして、10分間を合計すると約18.7km走った計算結果になっています。これは、まさにピッタリですね。

このように、速度が一定のときには、速さと時間から移動距離が求められることを確認できました。

移動距離s ＝ 速さv×時間t　　……②

第5章 積分とは

時間	平均の速さ	移動距離	累積	時間	平均の速さ	移動距離	累積
0〜5	2	0.0028	0.0028	180〜185	122	0.169	7.3991
5〜10	6	0.0083	0.0111	185〜190	118.5	0.1650	7.5641
10〜15	12	0.017	0.0281	190〜195	115.5	0.1600	7.7241
15〜20	20	0.028	0.0561	195〜200	115	0.1600	7.8841
20〜25	29.5	0.041	0.0971	200〜205	112.5	0.1560	8.0401
25〜30	45	0.063	0.1601	205〜210	112	0.1560	8.1961
30〜35	62.5	0.087	0.2471	210〜215	112.5	0.1560	8.3521
35〜40	78	0.108	0.3551	215〜220	111	0.1540	8.5061
40〜45	89.5	0.124	0.4791	220〜225	110	0.1530	8.6591
45〜50	108	0.150	0.6291	225〜230	107.5	0.1490	8.8081
50〜55	130.5	0.181	0.8101	230〜235	105	0.1460	8.9541
55〜60	142	0.197	1.00711	235〜240	105	0.1460	9.1001
60〜65	153.5	0.2130	1.2201	240〜245	105	0.1460	9.2461
65〜70	165	0.2290	1.4491	245〜250	106	0.1470	9.3931
70〜75	175	0.2430	1.6921	250〜255	108	0.150	9.5431
75〜80	183	0.2540	1.9461	255〜260	114.5	0.1590	9.7021
80〜85	185	0.2570	2.2031	260〜265	122.5	0.1700	9.8721
85〜90	185	0.2570	2.4601	265〜270	131	0.1820	10.0541
90〜95	198	0.2750	2.7351	270〜275	142.5	0.1980	10.2521
95〜100	213.5	0.2970	3.0321	275〜280	152	0.2110	10.4631
100〜105	218.5	0.3030	3.3351	280〜285	156.5	0.2170	10.6801
105〜110	225	0.3130	3.6481	285〜290	159.5	0.2220	10.9021
110〜115	229.5	0.3190	3.9671	290〜295	161.5	0.2240	11.1261
115〜120	228	0.3170	4.2841	295〜300	163	0.2260	11.3521
120〜125	222	0.3080	4.5921	300〜305	166.5	0.2310	11.5831
125〜130	211.5	0.2940	4.8861	305〜310	167	0.2320	11.8151
130〜135	202	0.2810	5.1671	310〜315	166.5	0.2310	12.0461
135〜140	199	0.2760	5.4431	315〜320	165.5	0.2300	12.2761
140〜145	199	0.2760	5.7191	320〜325	163.5	0.2270	12.2761
145〜150	181.5	0.2520	5.9711	325〜330	162	0.2250	12.5031
150〜155	164	0.2280	6.1991	330〜335	156.5	0.2170	12.9451
155〜160	162	0.2250	6.4241	335〜340	142.5	0.1980	13.1431
160〜165	158	0.2190	6.6431	340〜345	126.5	0.1760	13.3191
165〜170	151.5	0.2100	6.8531	345〜350	115	0.1600	13.4791
170〜175	142	0.1970	7.0501	350〜355	108.5	0.1510	13.6301
175〜180	129.5	0.1800	7.2301	355〜360	107.5	0.1490	13.7791

表2　発車後5秒ごとの平均の速さと移動距離およびその累積①（新横浜〜品川）

時間	平均の速さ	移動距離	累積	時間	平均の速さ	移動距離	累積
360~365	107.5	0.1490	13.9281	540~545	66.5	0.0920	18.3231
365~370	107.5	0.1490	14.0771	545~550	60.5	0.0840	18.4071
370~375	106	0.1470	14.2241	550~555	50.5	0.0700	18.4771
375~380	103.5	0.1440	14.3681	555~560	45.5	0.0630	18.5401
380~385	104	0.1440	14.5121	560~565	39.5	0.0550	18.5951
385~390	105.5	0.1470	14.6591	565~570	30	0.0420	18.6371
390~395	105.5	0.147	14.8061	570~575	20	0.0280	18.6651
395~400	106	0.1470	14.9531	575~580	15	0.0210	18.6861
400~405	107	0.1490	15.1021	580~585	13.5	0.0190	18.7051
405~410	106	0.1470	15.2491	585~590	10.5	0.0150	18.7201
410~415	105.5	0.1470	15.3961	590~595	6.5	0.0090	18.7291
415~420	107	0.1490	15.5451	595~600	2	0.0030	18.7321
420~425	106	0.1470	15.6921				
425~430	105	0.1460	15.8381				
430~435	105	0.1460	15.9841				
435~440	100	0.1390	16.1231				
440~445	92	0.1280	16.2511				
445~450	87.5	0.1220	16.3731				
450~455	86	0.1190	16.4921				
455~460	85.5	0.1190	16.6111				
460~465	86.5	0.1200	16.7311				
465~470	87	0.1210	16.8521				
470~475	87	0.1210	16.9731				
475~480	85	0.1180	17.0911				
480~485	82	0.1140	17.2051				
485~490	77.5	0.1080	17.3131				
490~495	71	0.0990	17.4121				
495~500	68	0.0940	17.5061				
500~505	67.5	0.0940	17.6001				
505~510	67.5	0.0940	17.6941				
510~515	67	0.0930	17.7871				
515~520	64.5	0.0900	17.8771				
520~525	63	0.0880	17.9651				
525~530	63	0.0880	18.0531				
530~535	63	0.0880	18.1411				
535~540	64.5	0.0900	18.2311				

表3　発車後5秒ごとの平均の速さと移動距離およびその累積②（新横浜～品川）

と計算すればいいのです。

　ところで地球は球体ですが、私たちが暮らしている範囲では、地球の丸さを感じることはありません。時間とともに速さが変化するときも、時間をとても短い間隔で切り刻んでしまえば、その間の速さの変化に気づかないようになってしまいます。短い間隔の中で速さが一定と思えるときには、その間における移動距離を②の計算式で求めることができます。そしてその合計は、全体の移動距離になるというわけです。

斜面を転がる鉄球の落下距離

　斜面を転がる鉄球の時間(t)と落下距離(x)の関係は、2乗に比例することをすでに第2章で見てきました。ここでは、同じ結論になりますが、前節でうまくいった方法、すなわち、時間を細かく区切り、各時間の平均の速さから移動距離を求める方法を用いて調べてみることにしましょう。

　斜面に置いた鉄球は、手を離した瞬間から転がり始め、転がる速さはだんだん増していきました。傾きが変わらない斜面を転がる鉄球には、斜面を下る方向に一定の重力が働きます。したがって、転がる鉄球の速さ(v)は一定の割合で増えていきました。速さvは時間tに比例して大きくなるということです。ここまでは、第2章の実験で観察できたことです。

　速さvが時間tに比例するので、$v = at$という式で表すことができるのですが、時間の単位、距離の単位を適当な値にすることで、鉄球の速さvと手を離してからの時間tの関係は、

$v = t$

という式で表されると考えてみましょう。

　速さは時間に比例して増えていきます。手を離した瞬間の$t = 0$では$v = 0$で、1秒後の$t = 1$のときには$v = 1$になります。ここで、$t = 0$から$t = 1$までの1秒間に鉄球が転がった距離を求めましょう。

　この1秒の間に、速さは$v = 0$から$v = 1$まで変化しています。前節では、速さと時間から

第5章 積分とは

$$\frac{0+1}{2} = \frac{1}{2}$$

として求めました。

これを、速さが一定のときに速さと時間から距離を求める式②を使って

$$\frac{1}{2} \times 1 = \frac{1}{2} \quad \cdots\cdots ③$$

として求めました(図4)。

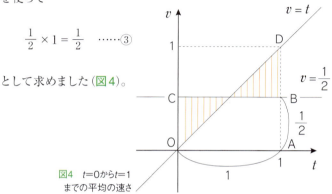

図4 $t=0$から$t=1$までの平均の速さ

実際の速さは、$v=t$のグラフで表されるように、だんだん速くなりますが、この1秒間は$v=\dfrac{1}{2}$という一定の速さで進んだものと考えて、1秒間に進んだ距離を③として求めました。このような計算で求められるものは、長方形OABCの面積になっています。

ここでは、平均の速さを求めて、その速さが一定と考えて求めましたが、実はこの長方形OABCの面積は、三角形AODの面積に等しいことがわかるでしょう。

さて、前節では、時間を細かく分割しました。

ここでは、時間を2等分します。平均の速さ(縦軸)と時間(横軸)から距離を求めると、長方形の面積として表せます。2本の長方

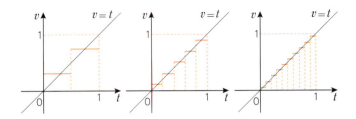

図5 2等分、5等分、10等分した、それぞれの区間での平均の速さ

形の面積を加えたものと、三角形OADの面積が等しいですね。次に5等分、そして10等分します。やはり、長方形の面積の合計が三角形OADの面積に等しくなっています（図5）。

さらに、20等分、200等分しました（図6）。

こうして細かく分割していくことにより、平均の速さと時間から求めた距離が、$v=t$のグラフとt軸の間の面積に等しくなっていることがわかるでしょう。

以上をまとめると、$v=t$のときは、1秒間を何等分しても、各区間でその区間の平均の速さがちょうど真ん中とわかっていて、これを用いて各区間の移動距離を求めることができます。それらを合計すると、何等分の場合でも移動距離はピタリと$\frac{1}{2}$に等し

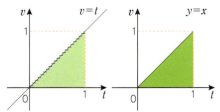

図6 20等分、200等分した、それぞれの区間での平均の速さ

くなっています。そして、長方形を集めた階段状の図形は、等分の間隔がせまくなるほど、形として $v=t$ のグラフと t 軸の間の図形（三角形）に近づいていき、その面積も $\frac{1}{2}$ になります。

5-5 $v=t^2$ のとき

速さが変化する仕方はいろいろあります。前節では、速さ v が時間 t に比例して変化するときについて考えました。速さ v が時間 t に比例するときは、最初と最後の速さを加えて2で割ることから、平均の速さを求めました。

ここで、$v=t^2$ という関係であるときに、そのグラフを見てみましょう（図7）。

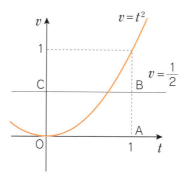

図7　$v=t^2$ のとき $t=0$ と $t=1$ における速さの平均

$v=t^2$ も前節で見た $v=t$ と同じで、$t=0$ では $v=0$ で、$t=1$ のときに $v=1$ となります。これから、$v=0$ と $v=1$ を加え2で割

って得られる $\frac{1}{2}$ が、平均の速さと考えてしまいます。

ところが、図7のグラフを見ても、$\frac{1}{2}$ が「平均」を表すようには見えません。$v = t^2$ の $t = 0$ の近くでは、v が少しずつ大きくなりますが、なかなか大きくなりません。ところが $t = 1$ の近くでは、順調に大きくなっています。ですから、$v = 0$ と $v = 1$ の中間の $v = \frac{1}{2}$ の線を引いても、グラフの曲線は真ん中よりも下側に片寄って見えます。

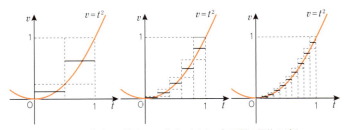

図8　$v = t^2$ のとき、2等分、5等分、10等分したときの各区間の平均の速さ

けれども、図8で時間を2等分し、2つの長方形の高さの半分を平均の速さと考えると、図7で感じた片寄り感がやや少なくなりますね。これが5等分や10等分になると、どんどん片寄った感じがなくなります。さらに50等分したのが、図9です。

細かく分割していくと、細長い長方形が集まってできる階段状の形は、$v = t^2$ のグラフと x 軸との間の図形に近づいていきます。分割した各区間で、長方形の高さは平均の速さとは少しずれているかもしれませんから、長方形の面積はこの区間に移動した距離に近い値です。小さく分割するほど、本当の移動距離からのず

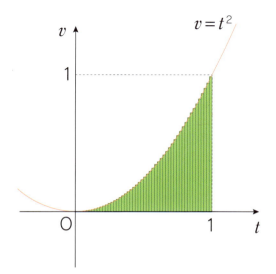

図9　$v=t^2$を50等分したとき

れもどんどん小さくなっていきます。

　結局、$v = t$ のときと同様で、$v = t^2$ と t 軸との間の面積は、速さが $v = t^2$ と変化しながら移動するときの移動距離になっていると考えられるのです。

$v=t$ のときの移動距離を求めよう

　$v=t^2$では、2等分した長方形の高さが平均の速さから少しずれているように感じますが、長方形が集まってできる階段状の形は、分割の幅を小さくするほど、$v=t^2$とx軸との間の図形に近づいていくことがわかりました。

　そこで、移動距離が正確にわかっている$v=t$の場合で、長方形の高さが平均とは異なる場合について、階段状の図形の面積と$v=t$とt軸との間の図形の面積との関係を調べてみましょう。

　手始めに、$t=0$から$t=1$までを5等分します。等分した各区間において、その区間の最大の速さで移動したと仮定した場合の移動距離を求めてみましょう（図10）。

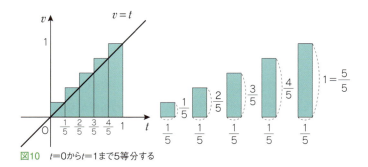

図10　$t=0$から$t=1$まで5等分する

　$t=0$から$t=\dfrac{1}{5}$までの時間$\dfrac{1}{5}$における速さを、最大速度の$v=\dfrac{1}{5}$で移動すると考えたとき、その移動距離は

$$\dfrac{1}{5} \times \dfrac{1}{5}$$

となります。

$t = \dfrac{1}{5}$ から $t = \dfrac{2}{5}$ まででは、$\dfrac{2}{5} \times \dfrac{1}{5}$

$t = \dfrac{2}{5}$ から $t = \dfrac{3}{5}$ まででは、$\dfrac{3}{5} \times \dfrac{1}{5}$

$t = \dfrac{3}{5}$ から $t = \dfrac{4}{5}$ まででは、$\dfrac{4}{5} \times \dfrac{1}{5}$

$t = \dfrac{4}{5}$ から $t = \dfrac{5}{5} = 1$ まででは、$\dfrac{5}{5} \times \dfrac{1}{5}$

となります。これらの合計を計算すると

$$\dfrac{1}{5} \times \dfrac{1}{5} + \dfrac{2}{5} \times \dfrac{1}{5} + \dfrac{3}{5} \times \dfrac{1}{5} + \dfrac{4}{5} \times \dfrac{1}{5} + \dfrac{5}{5} \times \dfrac{1}{5}$$
$$= \dfrac{1}{25}(1 + 2 + 3 + 4 + 5) \quad \cdots\cdots ④$$

ここで少し寄り道して、1＋2＋3＋4＋5を簡単に計算する方法を教えましょう。図11のように、○の数が上から1個、2個、3個、4個、5個となるように並べます。これと同じ図をもう1つ用意して、上下逆さまにして並べてみます。

すると、この図11の中の○の数は、(1＋5)×5となっています。求めたい○の個数は、この半分なので

$$1 + 2 + 3 + 4 + 5 = \dfrac{1}{2} \times (1 + 5) \times 5 = 15$$

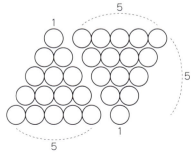

図11　1＋2＋3＋4＋5の求め方

ですね。したがって、④に代入すると、移動距離は

$$\frac{1}{25} \times 15 = \frac{3}{5} = 0.6$$

となります。やはり真の移動距離の $\frac{1}{2} = 0.5$ より少し大きめです。

次に10等分して、同じように計算してみましょう。

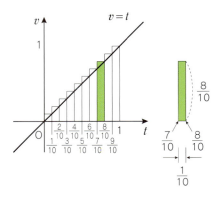

図12　$t=0$から$t=1$まで10等分する

図12には、$t = \frac{7}{10}$ から $t = \frac{8}{10}$ における長方形を抜きだして描きました。このような長方形が10本あって、この各区間において移動距離を求めて合計すると、

$$\frac{1}{10} \times \frac{1}{10} + \frac{2}{10} \times \frac{1}{10} + \frac{3}{10} \times \frac{1}{10} + \cdots + \frac{9}{10} \times \frac{1}{10} + \frac{10}{10} \times \frac{1}{10}$$
$$= \frac{1}{100} (1 + 2 + 3 + 4 + 5 + 6 + 7 + 8 + 9 + 10) \quad \cdots\cdots ⑤$$

ここで、$1+2+3+4+5+6+7+8+9+10$の計算の仕方は、図11と同じように○を並べ、同じ図形をひっくり返すことによって、次のように計算できます。

$$1+2+3+4+5+6+7+8+9+10 = \frac{1}{2} \times (1+10) \times 10 = 55$$

これを⑤に代入すると、図12のように10等分して計算するときの移動距離は

$$\frac{1}{100} \times 55 = 0.55$$

となります。

100等分でも1000等分でも、同様に計算できることがわかったでしょうか?

100等分のときの移動距離は

$$\frac{1}{10000} \times \frac{(1+100) \times 100}{2} = 0.5050$$

1000等分のときの移動距離は

$$\frac{1}{1000000} \times \frac{(1+1000) \times 100}{2} = 0.5005$$

どうでしょう? 等分する数をどんどん増やしていけば、移動距離はしだいに0.5に近づきそうですね。

このように、何等分かにしたときに、各区間において平均の速さでなくても(いまの計算では最大の速さでも)、区間の幅を小さくしていくことで、各区間の移動距離を合計した値は、真の移動距離の0.5に限りなく近づいていくことがわかりました。

$v=t^2$ のときの移動距離

速さが一定のときは、速さと時間から

　移動距離 $s =$ 速さ $v \times$ 時間 t　……②

として移動距離を求めることができました。さらに前節では、速さが一定でないときでも、時間を細かく分割し、分割した各区間の速さが一定と考えて(その区間の真ん中の値でも最大の値でもかまわない)、②の式で区間の移動距離を求め、それをすべて合計する方法で求められることがわかりました。

この方法を用いて、$v=t^2$ の場合の $t=0$ から $t=1$ までの移動距離を求めてみましょう。

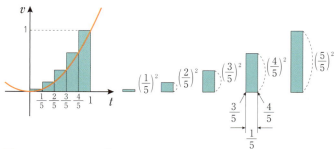

図13　$t=0$ から $t=1$ まで5等分したとき

$t=0$ から $t=\dfrac{1}{5}$ までの時間 $\dfrac{1}{5}$ における速さは、少し速すぎるけれども、$t=\dfrac{1}{5}$ のときの $v=\left(\dfrac{1}{5}\right)^2$ で移動すると考えたとき、その移動距離は

$$\left(\frac{1}{5}\right)^2 \times \frac{1}{5}$$

となります。

$t = \frac{1}{5}$ から $t = \frac{2}{5}$ まででは、$\left(\frac{2}{5}\right)^2 \times \frac{1}{5}$

$t = \frac{2}{5}$ から $t = \frac{3}{5}$ まででは、$\left(\frac{3}{5}\right)^2 \times \frac{1}{5}$

$t = \frac{3}{5}$ から $t = \frac{4}{5}$ まででは、$\left(\frac{4}{5}\right)^2 \times \frac{1}{5}$

$t = \frac{4}{5}$ から $t = \frac{5}{5} = 1$ まででは、$\left(\frac{5}{5}\right)^2 \times \frac{1}{5}$

となります。これらを合計すると

$$\left(\frac{1}{5}\right)^2 \times \frac{1}{5} + \left(\frac{2}{5}\right)^2 \times \frac{1}{5} + \left(\frac{3}{5}\right)^2 \times \frac{1}{5} + \left(\frac{4}{5}\right)^2 \times \frac{1}{5} + \left(\frac{5}{5}\right)^2 \times \frac{1}{5}$$
$$= \frac{1}{5^3}(1^2 + 2^2 + 3^2 + 4^2 + 5^2) \quad \cdots\cdots ⑥$$

ここで、$1^2 + 2^2 + 3^2 + 4^2 + 5^2$ を簡単に計算する方法を考えましょう。

$1 + 2 + 3 + 4 + 5$ を考えた図に、少し変更を加えた図14を見てみましょう。

図14　$1^2+2^2+3^2+4^2+5^2$ を簡単に計算する方法

1つの三角形の中には、

   1　が　1個
   2　が　2個
   3　が　3個
   4　が　4個
   5　が　5個

並んでいます。これらの数の合計は

　$1^2 + 2^2 + 3^2 + 4^2 + 5^2$ 個

です。3枚の三角形にも同じ数字を書いていますが、並び方が違っています。

　　1枚目　頂上から　右に下がると　＋1　変化します
　　2枚目　頂上から　右に下がると　－1　変化します
　　3枚目　頂上から　右に下がると　変化しません

　左に下がる場合には、

　　1枚目　頂上から　左に下がると　＋1　変化します
　　2枚目　頂上から　左に下がると　変化しません
　　3枚目　頂上から　左に下がると　－1　変化します

　どこから出発しても、このように変化します。3枚の三角形の同じ場所にある数を足してみます。

頂上にある数の和は　$1+5+5 = 2\times 5+1$　です。

ここから、右に下がっても、左に下がっても、3枚のそれぞれの変化を加えると、変化はありません。

○は全部で$1+2+3+4+5$個あって、どの○をとっても、同じ位置にある○の数を3つ足すと、すべて$2\times 5+1$になっているということです。確かめてみてください。

ということは、この3つの三角形に書いてある数をすべて合計すると

$$(2\times 5+1) \times (1+2+3+4+5)$$

になっているということです。この$\frac{1}{3}$が1つの三角形に書いている数の和になりますが、それは$1^2+2^2+3^2+4^2+5^2$だったので、

$$1^2+2^2+3^2+4^2+5^2 = \frac{1}{3}\times(2\times 5+1)\times(1+2+3+4+5)$$

となります。ここで、

$$1+2+3+4+5 = \frac{1}{2}(5+1)\times 5$$

であることを思いだすと、2乗の和は次のように求めることができます。

$$\begin{aligned}1^2+2^2+3^2+4^2+5^2 &= \frac{1}{3}\times(2\times 5+1)\times\frac{1}{2}(5+1)\times 5\\ &= \frac{1}{6}\times 5\times(5+1)\times(2\times 5+1)\end{aligned}$$

以上から、5等分した各区間での移動距離の合計は

$$\frac{1}{5^3}(1^2 + 2^2 + 3^2 + 4^2 + 5^2)$$
$$= \frac{1}{5^3} \times \frac{1}{6} \times 5 \times (5+1)(2 \times 5 + 1)$$
$$= \frac{1}{6} \times \frac{5}{5} \times \frac{5+1}{5} \times \frac{2 \times 5 + 1}{5}$$
$$= \frac{1}{6} \times \frac{6 \times 11}{25}$$
$$= \frac{11}{25} = 0.44$$

となります。

10等分しても、同じように計算できます。

$$\left(\frac{1}{10}\right)^2 \times \frac{1}{10} + \left(\frac{2}{10}\right)^2 \times \frac{1}{10} + \left(\frac{3}{10}\right)^2 \times \frac{1}{10} + \cdots + \left(\frac{9}{10}\right)^2 \times \frac{1}{10}$$
$$+ \left(\frac{10}{10}\right)^2 \times \frac{1}{10}$$
$$= \left(\frac{1}{10}\right)^3 (1^2 + 2^2 + 3^2 + 4^2 + \cdots + 9^2 + 10^2)$$
$$= \frac{1}{10^3} \times \frac{1}{6} \times 10 \times (10+1)(2 \times 10 + 1)$$
$$= \frac{1}{6} \times \frac{10}{10} \times \frac{10+1}{10} \times \frac{2 \times 10 + 1}{10}$$
$$= \frac{1}{6} \times \frac{11 \times 21}{10^2}$$
$$= \frac{77}{200} = 0.385$$

さらに100等分してみましょう。100等分して、同じように計算すると

$$\left(\frac{1}{100}\right)^2 \times \frac{1}{100} + \left(\frac{2}{100}\right)^2 \times \frac{1}{100} + \left(\frac{3}{100}\right)^2 \times \frac{1}{100} + \cdots$$
$$+ \left(\frac{99}{100}\right)^2 \times \frac{1}{100} + \left(\frac{100}{100}\right)^2 \times \frac{1}{100}$$

$$=\frac{1}{100^3}(1^2 + 2^2 + 3^2 + 4^2 + \cdots + 99^2 + 100^2)$$
$$=\frac{1}{100^3}\times\frac{1}{6}\times 100 \times (100+1)(2\times 100+1)$$
$$=\frac{1}{6}\times\frac{100}{100}\times\frac{100+1}{100}\times\frac{2\times 100+1}{100}$$
$$=\frac{1}{6}\times\frac{101\times 201}{100^2}$$
$$=\frac{6767}{20000}=0.33835$$

調子に乗って1000等分すると

$$\left(\frac{1}{1000}\right)^2\times\frac{1}{1000}+\left(\frac{2}{1000}\right)^2\times\frac{1}{1000}+\left(\frac{3}{1000}\right)^2\times\frac{1}{1000}+\cdots$$
$$+\left(\frac{999}{1000}\right)^2\times\frac{1}{1000}+\left(\frac{1000}{1000}\right)^2\times\frac{1}{1000}$$
$$=\frac{1}{1000^3}(1^2+2^2+3^2+4^2+\cdots+999^2+1000^2)$$
$$=\frac{1}{1000^3}\times\frac{1}{6}\times 1000\times(1000+1)(2\times 1000+1)$$
$$=\frac{1}{6}\times\frac{1000}{1000}\times\frac{1000+1}{1000}\times\frac{2\times 1000+1}{1000}$$
$$=\frac{1}{6}\times\frac{1001\times 2001}{1000^2}$$
$$=\frac{667667}{2000000}=0.3338335$$

この調子で等分の幅をどんどん小さくしていくと、計算結果は0.3333…に近づくような気がしませんか？

ここは不確かなので、実験して確かめてみましょう。

各区間における移動距離を、速さ×時間から計算してきましたが、これは図形的には階段状の図形をつくる1つひとつの長方形の面積を計算していたわけです。ですから、等分の間隔を小さくしていくと、$v=t^2$のグラフとt軸ではさまれる$t=0$から$t=1$まで

の部分の面積に近づいているはずですね。

そこで、厚紙でこの図形を3枚つくり、もう1つ一辺1の正方形をつくって、これを天秤の両側につるし、つり合うかどうか試してみましょう。

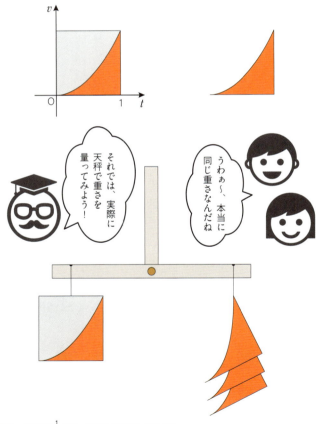

図15 本当に $\frac{1}{3}$ になっているか実験してみよう

どうでしょう? 厚紙で$v = t^2$とt軸とではさまれた$t = 0$から$t = 1$までの部分は、3枚で一辺1の正方形と同じ重さになることがわかります。このことから、この部分の面積は$\frac{1}{3} = 0.333\cdots$であることがわかります。

微分の考え方、積分の考え方

ここまで見てきたように、速さが一定であるときには、移動距離は時間に比例しています。1時間で60km走る速さで、速さ一定で走っている自動車は、1時間走れば60km移動しますし、2時間走れば120km、3時間走れば180km移動します。

　　移動距離＝速さ×時間　　……①

という関係式が成り立ちます。

最初に考えた新幹線の時刻表からは、駅から駅までの距離と移動時間がわかるものでした。その時刻表から列車の運行ダイヤグラムを描くと、グラフの傾きが列車の速さを表していました。

列車ダイヤから速さを求めるには

　　速さ＝移動距離／時間　　……②

として求められます。

ただし、これは速さが一定で移動しているという前提でのことです。速さが時々刻々変化する場合には、どのように考えたらよいのでしょうか。その問いに対する答えが、「微分」という考え方でした。

列車ダイヤの傾きは速さを表すものでした。速さが一定であるという前提では、列車ダイヤは直線になります。速さが時々刻々変化するということは、列車ダイヤの傾きが時々刻々変化するということであり、それは列車ダイヤを表すグラフが「曲がっている」状態になるのでした。

　このようなときは瞬間の速さを考えて、ある瞬間において、そのときの速さがしばらく変わらない状態を考えるのでした。速さが変わらないということは、グラフが直線になるということです。つまり、その瞬間におけるグラフの接線を考えて、その瞬間の前後のしばらくは接線の傾きの速さで、一定のまま走ると考えることです。それが微分の考え方です。だから微分した関数にtの値を代入すると、接線の傾き（微分係数）がでるのです。

　速さが一定という条件つきの関係式②が使えるように、ある瞬間の状態のまま、速さ一定で進むと思うこと……、それが微分の考え方です。

　これに対して、前節で考えたことは、速さが一定という条件つきの関係式①が使えるように、とても小さい区間に分割して、分割した区間では速さが一定だと考え、関係式①を使ってそれを小さい区間における移動距離を求めて全部足し合わせるというものでした。こうした考え方を、**積分の考え方**といいます。

第6章

積分法

　細かく区切って足し合わせるという積分の考え方は、実際に計算するのが大変です。もっと簡単に計算できる方法があります。
　それが積分法です。

「時間−距離」グラフと「時間−速さ」グラフ

新幹線の列車ダイヤである「時間−距離」グラフでは、$y = f(x)$ の各点の傾きを測り、導関数 $y' = f'(x)$ を考えてきました。導関数は「時間−速さ」のグラフを表すものでしたね。$y = f(x)$ から $y' = f'(x)$ を求めることを「微分する」といいましたが、これは、「速さが一定」という前提であれば、

速さ $= \dfrac{移動距離}{時間}$

という関係で求められる速さを、速さが一定でないときにも使えるように拡張したものでした。

これに対して、「速さが一定」という前提のときに

移動距離 = 速さ × 時間

という関係によって移動距離を求める計算を、速さが一定でないときにもできるように拡張した計算方法を、前章でくわしく見てきたわけです。

その結果、時間、速さ、移動距離という3つの量との関係を離れて、一般の関数に対する「微分の法則」を使って「微分する」ことが簡単にできるようになりました。

ここからは、前章で考えた「積分の考え方」についても、時間、速さ、移動距離という3つの量との関係から離れて、一般の関数について考えていきましょう。

第6章 積分法

「速さと時間」を離れると

「速さ」という量は、その速さのまま移動したとき、**経過時間を1としたときの移動距離**と定義されています。この経過時間を1としたときの移動距離を求めるために

$$\frac{移動距離}{時間}$$

という計算をしています。これは、「速さ」という量が**時間に関する移動距離の変化の割合**（＝変化率）であることを意味します。

経過時間が1のときにaだけ進む速さのまま、時間が1, 2, 3, …と変化していくと、移動距離もa, $2a$, $3a$, …と増えていきます。したがって、時間t経過すると、

$a \times t$

移動することになります。

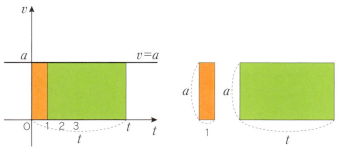

図1　一定の速さaで時間t経過したときの移動距離

速さaが一定の場合、時間1ごとに距離aだけ進んでいくので、それが蓄積されて、時間t経過するとt倍の距離$a \times t$進むことになります。これが

　　移動距離＝速さ×時間

という計算の意味でした。

　時間と距離という量の関係から離れる場合、「速さ」に相当するのは**変化率**になります。たとえばyの変化率は、xの値によって変化することを想定しています。この変化率が一定であれば、**変化率×xの変化**によってyの変化量が求められます。

　しかしながら、ここでは変化率が変化する場合も考えてみたいのです。そのため、$x=x_0$における変化率$f'(x_0)$を考えることにします。

　これは、$x=x_0$における**微分係数**と呼ばれるものです。微分係数$f'(x_0)$は、$y=f(x)$を微分して、xにx_0を代入すると、求めることができるのでした。xの値によって変化するこの微分係数の様子を表すものが「導関数$f'(x)$」でしたね。$y=f(x)$を微分したものが$y=f(x)$の導関数であり、それに$x=x_0$を代入すると、x_0における微分係数が求められるというものです。

　xがaからbまで変化するときに、変化率$f'(x)$はxの値とともに変化していきます。けれども、区間$a \leq x \leq b$を細かく分割し、$a=x_0<x_1<x_2<x_3<\cdots<x_{n-1}<x_n=b$としてやると、分割された区間は$x_0 \leq x \leq x_1$、$x_1 \leq x \leq x_2$、$x_2 \leq x \leq x_3$、…、$x_{n-1} \leq x \leq x_n$と考えることができます。このように十分小さい区間にしてやれば、各区間の$x_{k-1} \leq x \leq x_k$における$f'(x)$の変化が微々たるものになるのはわかるでしょう。それを、一定の値$f'(x_k)$と近似してもよいと考えるのです。

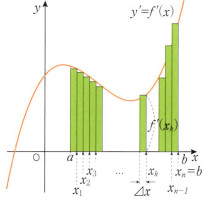

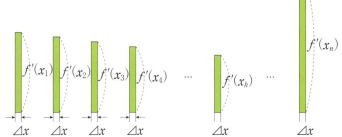

図2 yの変化率y'が変化するとき、yの変化量を求める

 「時間と速さ」で考えたときには、各区間において一定だと近似した速さと時間から移動距離を計算しましたが、「時間と速さ」から離れるときは、xの変化とyの変化率から次の式によってyの変化を求めることになります。

 yの変化量$(\Delta y) = y$の変化率$(y') \times x$の変化量(Δx)

具体的には、以下のとおりです。

区間 $x_0 \leq x \leq x_1$ において、 $\Delta y_1 = f'(x_1) \times \Delta x$ ……①
区間 $x_1 \leq x \leq x_2$ において、 $\Delta y_2 = f'(x_2) \times \Delta x$ ……②
区間 $x_2 \leq x \leq x_3$ において、 $\Delta y_3 = f'(x_3) \times \Delta x$ ……③
$\qquad \vdots \qquad\qquad \vdots \qquad\qquad \vdots$
区間 $x_{n-1} \leq x \leq x_n$ において、 $\Delta y_n = f'(x_n) \times \Delta x$ ……⓷

このように、各区間で求めたyの変化量Δy_kをすべて加えることで、全区間$a \leq x \leq b$におけるyの変化量を求めることができます。つまり

$f'(x_k) \times \Delta x$ の合計

を考えることになります。「いくつかのものを足し合わせる」あるいは「合計」という意味の英語 **sum** を使って、ここでは「sum *of* $f'(x_k) \Delta x$」と表すことにしましょうか。さらに、分割の幅をどんどん小さくしていったときに、この合計の近づく値が真の変化量を表すものと考えてみましょう。そういう気持ちを込めて、「sum」の「s」の上端と下端をもって、上下に長く伸ばし、

$$\int_a^b f(x)\, dx$$

と表すことにしましょう。

この記号には、いままで述べてきたように、**区間$a \leq x \leq b$を無限に小さい区間に分割し、yの変化率$\times x$の変化量によって求めたyの変化量を合計したもの**、という気持ちが込められています。分割が無限に小さくなると、x_kのような**とびとびの値**も連続して現れるということで、$f'(x_k)\Delta x$は$f'(x)dx$になっています。

$\int$ は「インテグラル」と読みましょう。これは「合計する」という意味です。分割を細かくしていくと、階段状の形はだんだんなめらかな $y=f(x)$ のグラフの形になります。長方形の面積 $f(x_k)\,\Delta x$ は、なめらかにしていくと $f(x)\,dx$ になり、$x=a$ から $x=b$ まで全部足し合わせる $\left(\int_a^b\right)$ という気持ちです。

そして、このように区間 $a \leq x \leq b$ を分割し、各区間で $f(x)\,\Delta x$ を求めてから合計し、分割を細かくしていったときに近づく値を求めることを、**$y=f(x)$ を $x=a$ から $x=b$ まで積分する**といいます。

もっと簡単に積分するには

　速さが時々刻々と変化する場合にも、時間を細かく分割し、各区間は「移動距離＝速さ×時間」という関係を用いて移動距離を求めて、それを累積するのでした。こうして実際に正しい距離が求められることを実験しましたね。ところが、この「積分する」という計算は、大変な労力を要します。この大変な計算が、劇的に簡単に計算できるようになる方法をお話ししましょう。

　それを見ていくために、もう一度、速さと時間と距離の関係に戻って考えてみましょう。

　本書では、最初に時刻表のデータから列車の運行ダイヤグラムを考えました。これが「距離−時間」グラフでしたね。そして、「距離−時間」グラフの傾きを測って「速さ−時間」グラフを考えるというのが、「微分する」ということでした。これに対して「積分する」というのは、速さと時間から移動距離を求める計算でした。速さが時々刻々と変化する場合でも、時間を細かく分割して、各区間は「移動距離＝速さ×時間」という関係を用いて移動距離を求め、それを累積しました。これが「積分する」という意味でした。

　さて、列車運行ダイヤグラムである「距離−時間」グラフをつくったときには、横軸に時間をとり、縦軸には始発駅からの距離をとりました。たとえば、盛岡と仙台の距離を時間で割って、この間の平均の速さを求めるときには、

盛岡〜仙台までの距離＝新青森から仙台までの距離−新青森から盛岡までの距離

として計算しました。

こうした速さと時間と距離から離れて、一般の関数の場合について考えるときには、どうなるでしょうか。

列車運行ダイヤグラムにおいて「始発駅からの距離」と考えていたものは、変数yになります。そして、yの「変化率」というのは速さに相当するものでしたが、これは、yを微分したy'にあたるのでした。y'がxの変化とともに変化する場合に、変数xを細かい区間に分割して、

$x_0 = a, \ x_1, \ x_2, \ \cdots, \ x_n = b$

とし、各区間にあたる$x_{k-1} < x < x_k$では、yの変化率$y' = f'(x_k)$がほぼ一定だと考えて、この区間におけるyの変化Δy_kを

$\Delta y_k = f'(x_k) \times \Delta x$

として計算します。

ここでΔy_kは、この区間における移動距離にあたります。でもそれは、始発駅からの距離の差ですから

$\Delta y_k = f(x_k) - f(x_{k-1})$

と計算できるのですね。

これを$k = 1$から順に加えていきます。

$\Delta y_1 = f(x_1) - f(x_0) = f'(x_1) \times \Delta x$
$\Delta y_2 = f(x_2) - f(x_1) = f'(x_2) \times \Delta x$

$$\Delta y_3 = f(x_3) - f(x_2) = f'(x_3) \times \Delta x$$
$$\Delta y_4 = f(x_4) - f(x_3) = f'(x_4) \times \Delta x$$
$$\vdots \qquad \vdots \qquad \vdots$$
$$\Delta y_{n-1} = f(x_{n-1}) - f(x_{n-2}) = f'(x_{n-1}) \times \Delta x$$
$$\Delta y_n = f(x_n) - f(x_{n-1}) = f'(x_n) \times \Delta x$$

これらを、辺々加えてみます。

最右辺は、

$$f'(x_1) \Delta x + f'(x_2) \Delta x + f'(x_3) \Delta x + \cdots + f'(x_n) \Delta x$$

となって、これが、

$$\int_a^b f'(x)\, dx$$

となるものです。

さて、左辺はどうなるでしょう。

$$\Delta y_1 + \Delta y_2 + \Delta y_3 + \cdots + \Delta y_n$$

ですが、これは次の

$$(f(x_1) - f(x_0)) + (f(x_2) - f(x_1)) + (f(x_3) - f(x_2)) + \cdots$$
$$+ (f(x_{n-1}) - f(x_{n-2})) + (f(x_n) - f(x_{n-1}))$$

と等しくなるので、このたくさんの項のたし算は、プラスとマイナスが相殺し合って、

$$f(x_n) - f(x_0)$$

になってしまいます。$x_0 = a, x_n = b$ だったので、これは $f(b) - f(a)$

です。

ということは、$f'(x_k)\Delta x$という計算を繰り返して、全部を足し合わせる大変困難な計算が、**最初の$x=a$と最後の$x=b$を$f(x)$に代入して引くだけでよい**ということになりますね。

そして、$f(x)$と$f'(x)$の間にどういう関係があったかというと、

　$f(x)$を微分すると$f'(x)$になる

というものでした。

積分の簡単な計算の仕方

ここまで見てきたことを、まとめておきましょう。

区間$a \leqq x \leqq b$においては、区間を細かく分割し、各区間で$f'(x) \times \Delta x$を求めてそれを合計し、分割を細かくしていったときに近づく値を求めることを、「**$y=f'(x)$を$x=a$から$x=b$まで積分する**」といいます。

しかしながら、この大変な計算は、「微分すると$f'(x)$となるような元の関数$f(x)$」を使うと、$f(x)$に$x=a$と$x=b$を代入して引くだけでわかるというのです。

$$\int_a^b f'(x)\,dx = f(b) - f(a)$$

これまで、$y=f'(x)=x$の場合と、$y=f'(x)=x^2$の場合について、実際にxを小さな区間に分割し、そこで$f'(x) \times \Delta x$を計算して合計する、という方法で計算してきました。

この2つについて、まとめに述べた簡単な方法で計算してみましょう。

まず、$f'(x) = x$ を $x = 0$ から $x = 1$ まで積分するという計算を、この簡単な方法でやってみます。

微分すると $y = f'(x) = x$ になる関数 $f(x)$ は、$f(x) = \frac{1}{2}x^2$ ですね。次に、この $y = f(x) = \frac{1}{2}x^2$ という関数に、$x = 0$ と $x = 1$ を代入して引きます。

$$f(1) - f(0) = \frac{1}{2} \times 1^2 - \frac{1}{2} \times 0^2 = \frac{1}{2}$$

どうでしょう。以前に計算したときと同じ $\frac{1}{2}$ になりましたね。そしてこれは、$y = f'(x) = x$ のグラフと x 軸ではさまれる $x = 0$ から $x = 1$ までの部分(底辺1、高さ1の三角形)の面積になっていますね。

次に、$f'(x) = x^2$ を $x = 0$ から $x = 1$ まで積分するという計算を、簡単にしてみましょう。

微分すると $y = f'(x) = x^2$ になる関数 $f(x)$ は、$f(x) = \frac{1}{3}x^3$ ですね。この $y = f(x) = \frac{1}{3}x^3$ に、$x = 0$ と $x = 1$ を代入して引きます。

$$f(1) - f(0) = \frac{1}{3} \times 1^3 - \frac{1}{3} \times 0^3 = \frac{1}{3}$$

こちらも以前に計算した結果と同じ $\frac{1}{3}$ になりました。そしてこれは、$y = f'(x) = x^2$ のグラフと x 軸ではさまれる $x = 0$ から $x = 1$ までの部分の面積になっています。

微分と積分

 速さ、時間、距離という3つの量の関係を、それらの量から離れて、$f'(x)$と$f(x)$とxの関係という一般的な要素に置き換えて、微分と積分について説明してきました。ここまで見てきた関係は、速さ、時間、距離だけではなくて、たとえば密度、長さ、重さの関係としてでも、まったく同じことが成り立ちます。

 長さ1あたりの重さがaである針金を、例にしてみましょう。ただし、この針金は工場でつくられたどこも同じ太さのものではなくて、ところにより太さが変化しているものを考えましょう。この場合、長さ1あたりの重さがaといっても、針金の端からの距離xによって値が異なりますので、$a = a(x)$というようにxの関数になっていると考えます。

 長さℓの針金を、短い区間に分けて考えましょう。各区間で長さℓあたりの重さが$a(x)$になるので、その区間の重さは

$$a(x) \times \Delta x$$

です。これを各区間ごとに計算し、すべてを合計します。

$$\int_0^\ell a(x)\,dx$$

と式で表せますね。これを計算するには、微分すると$a(x)$になるような関数$A(x)$ ($A'(x) = a(x)$) を見つけると、

$$\int_0^\ell a(x)\,dx = A(\ell) - A(0)$$

として簡単に求めることができるのでした。

 このように、密度(正確には線密度ですが)と長さと重さの間

にある

$$密度 = \frac{重さ}{長さ}, \qquad 重さ = 密度 \times 長さ$$

という関係は、速さ、時間、距離と同じ関係の3つの量といえ、これまで見てきたように、重さを微分すると密度になり、密度を積分すると重さになるのです。

別の言葉で表現すると、変化率$f'(x)$から$f'(x)\,dx$として求められる量を「蓄積」することによって、$f(x)$になっているということです。$f(x)$は蓄積の結果、求められる量であり、$f'(x)\,dx$は蓄積される小断片の量になっています。そういう関係にあるような3つの量については、すべてに成り立つ計算なのです。

たとえば図3の正方形を考えましょう。

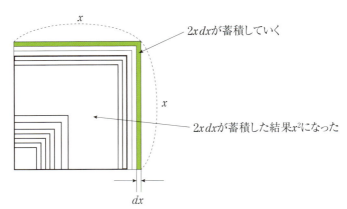

図3　$2x\,dx$が蓄積して正方形ができる

第6章 積分法

一辺の長さがxの正方形は、長さxの縦の棒と、長さxの横の棒でできるカギ型が蓄積した結果、できていると考えられるでしょう。

この場合、蓄積される量$f'(x)\,dx$にあたるものが$2x\,dx$です。そして、蓄積の結果求められる量$f(x)$は、x^2になります。これを見ると、x^2を微分すると$2x$になるということが、量の関係として理解できます。

$$(x^2)' = 2x$$

2次元の正方形について考えたことは、次元を上げると、3次元の立方体の体積の考察につながります。一辺xの正方形が、立方体の縦方向、横方向、高さ方向に1つずつ、合計3枚が蓄積した結果、立方体ができていると考えられるからです（図4）。

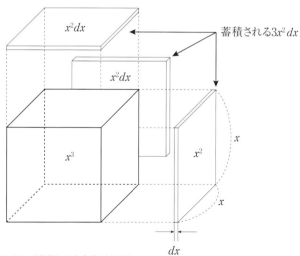

図4 $3x^2\,dx$が蓄積して立方体ができる

この場合、蓄積される量 $f'(x)dx$ にあたるものが、$3x^2 dx$ です。そして、蓄積の結果求められる量 $f(x)$ は、x^3 になります。これを見ると、x^3 を微分すると $3x^2$ になるということが、量の関係として理解できます。

$$(x^3)' = 3x^2$$

では調子に乗って、もう1つ次元を上げてみましょう。4次元のことなので、もう図には表せませんが、イマジネーションをふくらませてみましょう。3次元の方体は、縦、横、高さの3方向に、2次元の立方体（正方形）が蓄積してできていますから、4次元の立方体は、4方向に3次元の立方体が蓄積してできているに違いありませんね。そうすると

$$(x^4)' = 4x^3$$

になりそうです。

このことは、一般に n 次元でも成り立ちそうです。n 次元の式は

$$(x^n)' = nx^{n-1} \qquad \cdots\cdots \quad ①$$

ですね。

この本では、列車の位置の変化を調べることによって、導関数を考え、蓄積していく量に関する①の式を得ました。そして、この本の最後では、変化を蓄積することによって、蓄積されて得られる量に関する①の式を得ました。

いろいろな方向から考えて、同じ結果に行きつくなんて、おもしろいと思いませんか。

応用

円の面積

小学校で円の面積を求める公式を勉強しました。ただし、証明はありませんでしたね。

円周の長さが円の直径の3倍ちょっとであることは、昔から経験的に知られていましたが、この倍率が**円周率** π です。円の半径を r とすれば、直径は $2r$ になるので、円周の長さは $2\pi r$ になります。

バウムクーヘンというお菓子がありますね。黄色いカステラの部分と黒いカステラの部分が、交互に同心円状に重ねられてできています（図5）。同心円の1つひとつが半径 r の円周の長さ $\times \varDelta r$ の面積をもっていて、これを蓄積して円全体になると考えます。

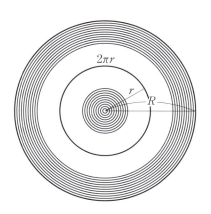

図5　多くの同心円が重なってできる円

半径Rの円の面積は

$$円の面積 = \int_0^R 2\pi r dr$$

となりますが、微分すると$f'(r)=2\pi r$になるような関数としては$f(r)=\pi r^2$が考えられます。これに$r=0$と$r=R$を代入して引くと

$$円の面積 = \int_0^R 2\pi r dr = \pi \times R^2 - \pi \times 0^2 = \pi R^2$$

になります。円周の長さ$2\pi r$を蓄積すると、円の面積πR^2になるわけです。

➡ 球の体積

中学校では球の体積を求める公式を勉強しました。これも、証明はありませんでしたね。

半径Rの球を、中心が原点になるように置き、x軸上$(x, 0, 0)$の点を通りx軸に垂直な平面で切断します。$x=-R$から$x=R$までこうして球をスライスしていくと、多くの円盤の集まりになります(図6)。

x軸上の目盛りxの点Pで球面を切断するときは、$OP=x$で、球の半径がRなので$OQ=R$となり、**ピタゴラスの定理**$OQ^2=OP^2+PQ^2$により、球の切断面の円の半径は$\sqrt{R^2-x^2}$になります。スライスの幅を小さくすることで、この円盤は底面が半径$\sqrt{R^2-x^2}$の円で、高さがΔxの円柱と思いましょう。そうすると1つの円盤の体積は

$$\pi \left(\sqrt{R^2-x^2}\right)^2 \times \Delta x = \pi (R^2-x^2) \Delta x =$$

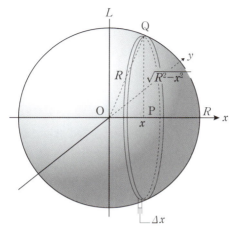

図6 半径Rの球

になります。これをすべて合計すると

$$球の体積 = \int_{-R}^{R} \pi (R^2 - x^2)\, dx$$

になります。ここで、微分すると$f'(x) = \pi(R^2 - x^2)$になる関数は$f(x) = \pi\left(R^2 x - \frac{1}{3}x^3\right)$ですから、

$$\begin{aligned}球の体積 &= \int_{-R}^{R} \pi (R^2 - x^2)\, dx \\ &= \pi\left(R^2 \cdot R - \frac{1}{3}R^3\right) - \pi\left(R^2 \cdot (-R) - \frac{1}{3}(-R)^3\right) = \frac{4}{3}\pi R^3\end{aligned}$$

となります。

🔁 球の表面積

　前々節では、円をバウムクーヘンのように無数の同心円が積み重なってできると考え、1つひとつの円周の長さを積分して円の面積を得ることを考えました。円がバウムクーヘンのように同心円が積み重なってできるように、球がマーブルチョコレートのように表面に何重にもチョコレートを塗り重ねてできると考えると、球の表面積を積分していくことによって、球の体積になると考えられます。もしそうであれば、前節で求めた半径Rの球の体積$\frac{4}{3}\pi R^3$を微分して

$$\left(\frac{4}{3}\pi R^3\right)' = 4\pi R^2$$

となりますが、この$4\pi R^2$が球の表面積であることがわかります。

🔁 錐体の体積

　もう1つ、円錐や三角錐のような錐体の体積を考えましょう。中学校では、底面の面積がSで高さがhの錐体の体積Vは、

$$V = \frac{1}{3} \times 底面積 \times 高さ = \frac{1}{3}Sh$$

であることを学びました。

　けれども、どうして$\frac{1}{3}$をかけるのか、証明したでしょうか？

　図7のように、錐の頂点からの距離xのところで、底面に平行な平面で切断したときの切り口の面積S_xを考えましょう。錐体ですから、切り口は頂点を相似の中心として、底面に相似な図形になります。底面は頂点から距離hのところにあるので、

底面∽切断面

であり、相似比は、

$h : x$

となっています。相似な図形の面積の比は、相似比の2乗比になります。すなわち、

$S : S_x = h^2 : x^2$

ですね。これから、

$S_x = \dfrac{S}{h^2} x^2$

となります。

錐体の体積Vは、この切り口を底面として高さがスライスした厚さΔxであるような柱体の体積を蓄積してできていると考えます。

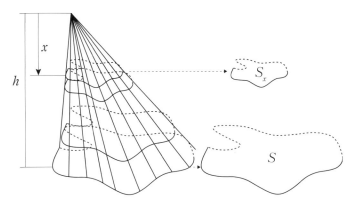

図7　底面積S、高さhの錐体

すなわち

$$V = \int_0^h S_x dx = \int_0^h \frac{S}{h^2} x^2 dx$$

さて、微分すると $\frac{S}{h^2}x^2$ となるような関数は $\frac{1}{3}\frac{S}{h^2}x^3$ なので、これに $x=h$ と $x=0$ を代入して差をとると、この積分を計算できます。

$$V = \int_0^h S_x dx = \int_0^h \frac{S}{h^2} x^2 dx = \frac{1}{3}\frac{S}{h^2}h^3 - \frac{1}{3}\frac{S}{h^2}0^3 = \frac{1}{3}Sh$$

となります。錐体の体積を求めるために $\frac{1}{3}$ 倍する理由がわかりましたか？

　数学といえば、なにごとも厳密に証明していかないと許されないような雰囲気をただよわせますが、実は小学校以来いろいろな式が証明もされずに公式としてでてきました。こうして微分と積分を勉強すると、これまで証明されずにごまかされてきた式の意味が理解できるようになったと思います。

▶ 一般の関数のグラフで囲まれる図形の面積

　最後に、積分の考え方を用いると、円だけでなく一般の関数のグラフで囲まれる図形の面積が計算できるようになることを説明します。

　関数 $y = f(x)$ のグラフを例に考えましょう。$a \leq x \leq b$ においては、$f(x) \geq 0$ になると仮定します。

　x の値が変化しても y の値が変化しない場合は、図8のように、その図形が長方形になるので、求めたい面積は横×縦で計算できます。

　y の値が変化する場合は、区間 $a \leq x \leq b$ を細かく分割して、

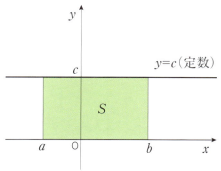

図8　$y=f(x)=c$（定数）のとき

縦に細かくスライスします。スライスしたそれぞれの面積は、$f(x)\,dx$になります。$f(x) \geqq 0$であると仮定しましたが、その理由がこ

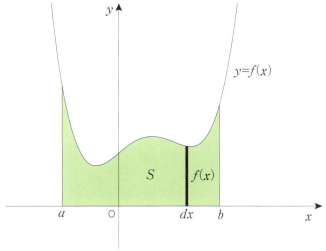

図9　一般の関数$y=f(x)$のグラフとx軸で囲まれる図形

れです。$f(x) \geq 0$なので、$f(x)\,dx$は面積を表すのです。

この$f(x)\,dx$を蓄積していき、その合計が求める面積Sになるのですから

$$S = \int_a^b f(x)\,dx$$

を計算することになります。

例として、$y = f(x) = 4x^3 - 6x^2 + 3$のグラフと$x$軸、および直線$x = -\dfrac{1}{2}$、$x = 1$で囲まれた部分の面積$S$を求めてみましょう。

図10のグラフを見るとわかるように、$-\dfrac{1}{2} \leq x \leq 1$においては$f(x) \geq 0$ですから、この斜線部分の面積$S$は

$$S = \int_{-\frac{1}{2}}^{1} (4x^3 - 6x^2 + 3)\,dx$$

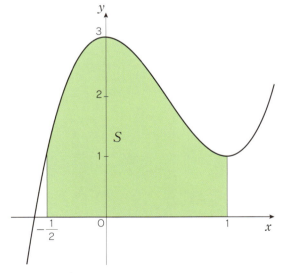

図10　$y = 4x^3 - 6x^2 + 3$のグラフ

になります。

この積分を計算するには、微分すると $4x^3 - 6x^2 + 3$ となるような関数 $F(x)$ を求めなければなりません。

$$(x^4)' = 4x^3$$
$$(x^3)' = 3x^2$$

であることから、

$$F(x) = x^4 - 2x^3 + 3x$$

であることがわかります。この $F(x)$ に、$x = -\frac{1}{2}$ と $x = 1$ を代入して、引けばいいわけです。

$$\begin{aligned}
S &= \int_{-\frac{1}{2}}^{1} (4x^3 - 6x^2 + 3)\, dx \\
&= F(1) - F\left(-\frac{1}{2}\right) \\
&= (1^4 - 2 \cdot 1^3 + 3 \cdot 1) - \left\{\left(-\frac{1}{2}\right)^4 - 2 \cdot \left(-\frac{1}{2}\right)^3 + 3 \cdot \left(-\frac{1}{2}\right)\right\} \\
&= 2 - \left(\frac{1}{16} + \frac{1}{4} - \frac{3}{2}\right) \\
&= 2 - \left(-\frac{19}{16}\right) \\
&= \frac{51}{16}
\end{aligned}$$

まとめ

　小学校から学んできた算数・数学では、正比例する2つの量の関係を基本にして、変化を予測したり全体の変化量を計算してきました。正比例しているわけではない一般の関数で表される2つの量についても、細かく区切って考えることで、正比例であるものと近似して考えるといいのです。これが微分・積分の考え方です。

　この微分・積分の考え方を手に入れた人類は、太陽のまわりを回転する惑星の動きの秘密を知り、神の力を借りなくても天体の運行を予測できるようになりました。ある大数学者は、「宇宙の始めの初期条件と世界の法則がわかれば、これから起こるすべての現象はあらかじめ計算できる」と豪語したほどです。

　人間にそういう自信をもたせてくれたのは、この微分・積分の考え方だったのかもしれませんね。

索引

数字・記号

2次関数	8
3次関数	96
log	45
Δ	14

あ

移動距離	149
因数	96
円周率	163
円の面積	163

か

傾き	
曲線の〜	35
接線の〜	54
直線の〜	14
関数	8
〜のk倍	83
〜のたし算	80
基準点	44
球	
〜の体積	164
〜の表面積	166
極小	113
極大	113
極値	113

さ

三角関数	8
指数関数	8
常用対数表	45
錐体の体積	166
数直線	44
積分	146、153
接線	37、114
増減表	102
速度	15

た

対数	45
対数関数	8
対数目盛り	45
導関数	77

は

速さ	15
ピタゴラスの定理	164
微分	41
微分係数	85、150
比例定数	61
平均の速さ	22、31
変化の割合	77
変化率	77、87、150
変化量	152

ま〜ら

目盛り	44
両対数方眼紙	47

著者プロフィール

宮本次郎（みやもと じろう）

1957年岩手県生まれ。筑波大学大学院博士課程数学研究科中退。理学修士（数学）。1983年より岩手県の県立高校教員となる。1995～2001年に三省堂の高等学校数学教科書の執筆に携わる。2004年に岩手大学大学院教育学研究科を卒業し、教育学修士。現在は一関第一高等学校指導教諭。東北地区数学教育協議会委員長。

《 参 考 文 献 》

30年間にわたり数学教育協議会のみなさまのさまざまな授業実践に触れてきました。そして毎日の授業の中で生徒のみなさんとともに考えてきました。
それらが筆者の心の中の数学を形作るうえに大きな影響を与えてくれました。

小沢健一/著『暴走の死角』数学セミナー1978年6月号(日本評論社)

足立久美子・何森仁/著『新幹線速度グラフ、分割・距離化』数学セミナー1987年7月号(日本評論社)

サイエンス・アイ新書　シリーズラインナップ

科学

番号	タイトル	著者
358	日本刀の科学	臺丸谷政志
357	教養として知っておくべき20の科学理論	細川博昭
355	知っていると安心できる成分表示の知識	左巻健男・池田圭一
354	ミサイルの科学	かのよしのり
351	本当に好きな音を手に入れるためのオーディオの科学と実践	中村和宏
349	毒の科学	齋藤勝裕
342	勉強の技術	児玉光雄
341	マンガでわかる金融と投資の基礎知識	田渕直也
335	親子でハマる科学マジック86	渡辺儀輝
333	暮らしを支える「熱」の科学	梶川 武信
330	拳銃の科学	かのよしのり
329	図説・戦う城の科学	萩原さちこ
310	重火器の科学	かのよしのり
309	地球・生命－138億年の進化	谷合 稔
295	温泉の科学	佐々木信行
283	カラー図解でわかる細胞のしくみ	中西貴之
280	M16ライフル M4カービンの秘密	青島刀也
276	楽器の科学	柳田益造/編
270	狙撃の科学	かのよしのり
252	知っておきたい電力の疑問100	齋藤勝裕
244	現代科学の大発明・大発見50	大宮信光
243	知っておきたい自然エネルギーの基礎知識	細川博昭
239	陸上自衛隊「装備」のすべて	青島刀也
232	銃の科学	かのよしのり
222	X線が拓く科学の世界	平山令明
217	BASIC800クイズで学ぶ！　理系英文	佐藤洋一
212	花火のふしぎ	冴木一馬
206	知っておきたい放射能の基礎知識	齋藤勝裕
204	せんいの科学	山﨑義一・佐藤哲也
203	次元とはなにか	新海裕美子／ハインツ・ホライス／矢沢 潔
202	上達の技術	児玉光雄
189	BASIC800で書ける！　理系英文	佐藤洋一
175	知っておきたいエネルギーの基礎知識	齋藤勝裕
165	アインシュタインと猿	竹内 薫・原田章夫
153	マンガでわかる菌のふしぎ	中西貴之

サイエンス・アイ新書　シリーズラインナップ

149	知っておきたい有害物質の疑問100	齋藤勝裕
146	理科力をきたえるQ&A	佐藤勝昭
135	地衣類のふしぎ	柏谷博之
132	不可思議現象の科学	久我羅内
106	科学ニュースがみるみるわかる最新キーワード800	細川博昭
081	科学理論ハンドブック50＜宇宙・地球・生物編＞	大宮信光
080	科学理論ハンドブック50＜物理・化学編＞	大宮信光
073	家族で楽しむおもしろ科学実験	サイエンスプラス/尾嶋好美
066	知っておきたい単位の知識200	伊藤幸夫・寒川陽美
053	天才の発想力	新戸雅章
037	繊維のふしぎと面白科学	山﨑義一
036	始まりの科学	矢沢サイエンスオフィス/編著
033	プリンに醤油でウニになる	都甲 潔
013	理工系の"ひらめき"を鍛える	児玉光雄

数学

366	90分で理解できる微分積分の考え方	宮本次郎
346	おもしろいほどよくわかる高校数学 関数編	宮本次郎
343	算数でわかる数学	芳沢光雄
328	図解・速算の技術	涌井良幸
320	おりがみで楽しむ幾何図形	芳賀和夫
317	大人のやりなおし中学数学	益子雅文
294	図解・ベイズ統計「超」入門	涌井貞美
263	楽しく学ぶ数学の基礎-図形分野-＜下：体力増強編＞	星田直彦
262	楽しく学ぶ数学の基礎-図形分野-＜上：基礎体力編＞	星田直彦
230	マンガでわかる統計学	大上丈彦/著、メダカカレッジ/監修
219	マンガでわかる幾何	岡部恒治・本丸 諒
195	マンガでわかる複雑ネットワーク	右田正夫・今野紀雄
109	マンガでわかる統計入門	今野紀雄
108	マンガでわかる確率入門	野口哲典
067	数字のウソを見抜く	野口哲典
065	うそつきは得をするのか	生天目 章
061	楽しく学ぶ数学の基礎	星田直彦
055	計算力を強化する鶴亀トレーニング	鹿持 渉/著、メダカカレッジ/監修
049	人に教えたくなる数学	根上生也
047	マンガでわかる微分積分	石山たいら・大上丈彦/著、メダカカレッジ/監修
014	数学的センスを身につける練習帳	野口哲典
002	知ってトクする確率の知識	野口哲典

物理

No.	タイトル	著者
344	大人が知っておきたい物理の常識	左巻健男・浮田 裕
316	カラー図解でわかる力学「超」入門	小峯龍男
299	カラー図解でわかる高校物理超入門	北村俊樹
292	質量とヒッグス粒子	広瀬立成
274	理工系のための原子力の疑問62	関本 博
269	ヒッグス粒子とはなにか	ハインツ・ホライス／矢沢 潔
241	ビックリするほど原子力と放射線がわかる本	江尻宏泰
214	対称性とはなにか	広瀬立成
209	カラー図解でわかる科学的アプローチ&バットの極意	大槻義彦
201	日常の疑問を物理で解き明かす	原 康夫・右近修治
174	マンガでわかる相対性理論	新堂 進/著、二間瀬敏史/監修
147	ビックリするほど素粒子がわかる本	江尻宏泰
113	おもしろ実験と科学史で知る物理のキホン	渡辺儀輝
112	カラー図解でわかる 科学的ゴルフの極意	大槻義彦
102	原子(アトム)への不思議な旅	三田誠広
077	電気と磁気のふしぎな世界	TDKテクマグ編集部
076	カラー図解でわかる光と色のしくみ	福江 純・粟野諭美・田島由起子
051	大人のやりなおし中学物理	左巻健男
020	サイエンス夜話 不思議な科学の世界を語り明かす	竹内 薫・原田章夫

物理/人体

No.	タイトル	著者
278	武術の科学	吉福康郎
226	格闘技の科学	吉福康郎

人体

No.	タイトル	著者
339	マンガでわかるストレス対処法	野口哲典
296	マンガでわかる若返りの科学	藤田紘一郎
286	マンガでわかるホルモンの働き	野口哲典
271	マンガでわかるメンタルトレーニング	児玉光雄
228	科学でわかる男と女になるしくみ	麻生一枝
213	マンガでわかる神経伝達物質の働き	野口哲典
158	身体に必要なミネラルの基礎知識	野口哲典
157	科学でわかる男と女の心と脳	麻生一枝
151	DNA誕生の謎に迫る！	武村政春
120	あと5kgがやせられないヒトのダイエットの疑問50	岡田正彦
100	マンガでわかる記憶力の鍛え方	児玉光雄
098	マンガでわかる香りとフェロモンの疑問50	外崎肇一・越中矢住子
089	眠りと夢のメカニズム	堀 忠雄
082	図解でわかる からだの仕組みと働きの謎	竹内修二

サイエンス・アイ新書　シリーズラインナップ

071	自転車でやせるワケ	松本 整
059	その食べ方が死を招く	healthクリック/編
058	みんなが知りたい男と女のカラダの秘密	野口哲典
057	タテジマ飼育のネコはヨコジマが見えない	高木雅行
054	スポーツ科学から見たトップアスリートの強さの秘密	児玉光雄
029	行動はどこまで遺伝するか	山元大輔

化学

348	知られざる鉄の科学	齋藤勝裕
331	本当はおもしろい化学反応	齋藤勝裕
308	図解・化学「超」入門	左巻健男・寺田光宏・山田洋一
306	マンガでわかる無機化学	齋藤勝裕/著、保田正和/イラスト
300	カラー図解でわかる高校化学超入門	齋藤勝裕
234	周期表に強くなる！	齋藤勝裕
229	マンガでわかる元素118	齋藤勝裕
193	知っておきたい有機化合物の働き	齋藤勝裕
185	基礎から学ぶ化学熱力学	齋藤勝裕
136	マンガでわかる有機化学	齋藤勝裕
107	レアメタルのふしぎ	齋藤勝裕
092	毒と薬のひみつ	齋藤勝裕
074	図解でわかるプラスチック	澤田和弘
069	金属のふしぎ	齋藤勝裕
056	地球にやさしい石けん・洗剤ものしり事典	大矢 勝
052	大人のやりおなし中学化学	左巻健男

植物

359	身近にある毒植物たち	森 昭彦
352	植物学「超」入門	田中 修
281	コケのふしぎ	樋口正信
248	タネのふしぎ	田中 修
245	毒草・薬草事典	船山信次
242	自然が見える！　樹木観察フィールドノート	姉崎一馬
215	うまい雑草、ヤバイ野草	森 昭彦
179	キノコの魅力と不思議	小宮山勝司
163	身近な野の花のふしぎ	森 昭彦
133	花のふしぎ100	田中 修
114	身近な雑草のふしぎ	森 昭彦
062	葉っぱのふしぎ	田中 修
196	大人のやりなおし中学生物 (植物/動物)	左巻健男・左巻恵美子

動物			
	338	カラー図解でわかる高校生物超入門	芦田嘉之
	311	イモムシのふしぎ	森 昭彦
	301	超美麗イラスト図解 世界の深海魚 最驚50	北村雄一
	284	生き物びっくり実験！ ミジンコが教えてくれること	花里孝幸
	275	あなたが知らない動物のふしぎ50	中川哲男
	266	外来生物 最悪50	今泉忠明
	250	身近な昆虫のふしぎ	海野和男
	235	ぞわぞわした生きものたち	金子隆一
	208	海に暮らす無脊椎動物のふしぎ	中野理枝/著、広瀬裕一/監修
	190	釣りはこんなにサイエンス	高木道郎
	166	ミツバチは本当に消えたか？	越中矢住子
	164	身近な鳥のふしぎ	細川博昭
	159	ガラパゴスのふしぎ	NPO法人日本ガラパゴスの会
	152	大量絶滅がもたらす進化	金子隆一
	141	みんなが知りたいペンギンの秘密	細川博昭
	138	生態系のふしぎ	児玉浩憲
	127	海に生きるものたちの掟	窪寺恒己/編著
	124	寄生虫のひみつ	藤田紘一郎
	123	害虫の科学的退治	宮本拓海
	122	海の生き物のふしぎ	原田雅章/著、松浦啓一/監修
	121	子供に教えたいムシの探し方・観察のし方	海野和男
	101	発光生物のふしぎ	近江谷克裕
	088	ありえない!? 生物進化論	北村雄一
	085	鳥の脳力を探る	細川博昭
	084	両生類・爬虫類のふしぎ	星野一三雄
	083	猛毒動物 最恐50	今泉忠明
	072	17年と13年だけ大発生？ 素数ゼミの秘密に迫る！	吉村 仁
	068	フライドチキンの恐竜学	盛口 満
	064	身近なムシのびっくり新常識100	森 昭彦
	050	おもしろすぎる動物記	實吉達郎
	038	みんなが知りたい動物園の疑問50	加藤由子
	032	深海生物の謎	北村雄一
	028	みんなが知りたい水族館の疑問50	中村 元
	027	生き物たちのふしぎな超・感覚	森田由子

サイエンス・アイ新書　シリーズラインナップ

ペット

324	ネコの気持ちがわかる89の秘訣	壱岐田鶴子
323	イヌの気持ちがわかる67の秘訣	佐藤えり奈
289	マンガでわかるインコの気持ち	細川博昭
272	しぐさでわかるイヌ語大百科	西川文二
238	イヌの「困った！」を解決する	佐藤えり奈
237	ネコの「困った！」を解決する	壱岐田鶴子
118	うまくいくイヌのしつけの科学	西川文二
111	ネコを長生きさせる50の秘訣	加藤由子
110	イヌを長生きさせる50の秘訣	臼杵 新
025	ネコ好きが気になる50の疑問	加藤由子
024	イヌ好きが気になる50の疑問	吉田悦子

地学

282	地形図を読む技術	山岡光治
279	これだけは知っておきたい世界の鉱物50	松原 聰・宮脇律郎
253	天気と気象がわかる！　83の疑問	谷合 稔
225	次の超巨大地震はどこか？	神沼克伊
207	東北地方太平洋沖地震は"予知"できなかったのか？	佃 為成
205	日本人が知りたい巨大地震の疑問50	島村英紀
198	みんなが知りたい化石の疑問50	北村雄一
197	大人のやりなおし中学地学	左巻健男
194	日本の火山を科学する	神沼克伊・小山悦郎
184	地図の科学	山岡光治
182	みんなが知りたい南極・北極の疑問50	神沼克伊
173	みんなが知りたい地図の疑問50	真野栄一・遠藤宏之・石川 剛
078	日本人が知りたい地震の疑問66	島村英紀
039	地震予知の最新科学	佃 為成
034	鉱物と宝石の魅力	松原 聰・宮脇律郎

宇宙

350	宇宙の誕生と終焉	松原隆彦
327	マンガでわかる超ひも理論	荒舩良孝
315	マンガでわかる宇宙「超」入門	谷口義明
298	マンガでわかる量子力学	福江 純
277	ロケットの科学	谷合 稔
240	アストロバイオロジーとはなにか	瀧澤美奈子
186	宇宙と地球を視る人工衛星100	中西貴之
139	天体写真でひもとく宇宙のふしぎ	渡部潤一

131	ここまでわかった新・太陽系	井田 茂・中本泰史
125	カラー図解でわかるブラックホール宇宙	福江 純
087	はじめる星座ウォッチング	藤井 旭
075	宇宙の新常識100	荒舩良孝
063	英語が苦手なヒトのためのNASAハンドブック	大崎 誠・田中拓也
041	暗黒宇宙で銀河が生まれる	谷口義明
023	宇宙はどこまで明らかになったのか	福江 純・粟野諭美/編著

医学

345	民間薬の科学	船山信次
337	ビックリするほど遺伝子工学がわかる本	生田 哲
325	がん治療の最前線	生田 哲
314	マンガでわかる自然治癒力のしくみ	生田 哲
304	とことんやさしいヒト遺伝子のしくみ	生田 哲
287	ウイルスと感染のしくみ	生田 哲
260	マンガでわかる男が知るべき女のカラダ	河野美香
257	ビックリするほどiPS細胞がわかる本	北條元治
247	脳にいいこと、悪いこと	生田 哲
231	がんとDNAのひみつ	生田 哲
224	免疫力をアップする科学	藤田紘一郎
223	脳と心を支配する物質	生田 哲
218	やさしいバイオテクノロジー カラー版	芦田嘉之
216	痛みをやわらげる科学	下地恒毅
199	不眠症の科学	坪田 聡
178	よみがえる脳	生田 哲
156	アレルギーのふしぎ	永倉俊和
129	血液のふしぎ	奈良信雄
097	脳は食事でよみがえる	生田 哲
096	歯と歯ぐきを守る新常識	河田克之
091	殺人ウイルスの謎に迫る！	畑中正一
046	健康の新常識100	岡田正彦
019	がんの仕組みを読み解く	多田光宏
011	やさしく学ぶ免疫システム	松尾和浩

心理

362	マンガでわかる女性とモメない職場の心理学	ポーポー・ポロダクション
319	記憶力を高める技術	榎本博明
319	マンガでわかる行動経済学	ポーポー・ポロダクション
188	マンガでわかる人間関係の心理学	ポーポー・ポロダクション

サイエンス・アイ新書 シリーズラインナップ

	137 マンガでわかる恋愛心理学	ポーポー・ポロダクション
	104 デザインを科学する	ポーポー・ポロダクション
	070 マンガでわかる心理学	ポーポー・ポロダクション
	043 マンガでわかる色のおもしろ心理学2	ポーポー・ポロダクション
	007 マンガでわかる色のおもしろ心理学	ポーポー・ポロダクション
論理	353 統計学に頼らないデータ分析「超」入門	柏木吉基
	307 マンガでわかるゲーム理論	ポーポー・ポロダクション
	297 論理的に説得する技術	立花 薫/著、榎本博明/監修
	273 理工系のための就活の技術	山本昭生
	265 論理的に読む技術	福澤一吉
	220 論理的に考える技術<新版>	村山涼一
	171 論理的に説明する技術	福澤一吉
	155 論理的に話す技術	山本昭生/著、福田 健/監修
	103 論理的にプレゼンする技術	平林 純
	040 科学的に説明する技術	福澤一吉
工学	347 基礎から学ぶ機械製図	門田和雄
	322 基礎から学ぶ機械工作	門田和雄
	321 カラー図解でわかる金融工学「超」入門	田渕直也
	312 長大橋の科学	塩井幸武
	293 カラー図解でわかる通信のしくみ	井上伸雄
	288 基礎から学ぶ機械設計	門田和雄
	261 ダムの科学	一般社団法人 ダム工学会 近畿・中部ワーキンググループ
	256 はじめる！ 楽しい電子工作	小峯龍男
	251 東京スカイツリー®の科学	平塚 桂
	176 知っておきたい太陽電池の基礎知識	齋藤勝裕
	162 みんなが知りたい超高層ビルの秘密	尾島俊雄・小林昌一・小林紳也
	161 みんなが知りたい地下の秘密	地下空間普及研究会
	119 暮らしを支える「ねじ」のひみつ	門田和雄
	105 カラー図解でわかる 大画面・薄型ディスプレイの疑問100	西久保靖彦
	086 巨大高層建築の謎	高橋俊介
	079 基礎から学ぶ機械工学	門田和雄
	048 キカイはどこまで人の代わりができるか？	井上猛雄
	031 心はプログラムできるか	有田隆也
	017 燃料電池と水素エネルギー	槌屋治紀

012	基礎からわかるナノテクノロジー	西山喜代司
008	進化する電池の仕組み	簑浦秀樹
006	透明金属が拓く驚異の世界	細野秀雄・神谷利夫

乗物

365	知られざる潜水艦の秘密	柿谷哲也
364	誰かに話したくなる大人の鉄道雑学	土屋武之
360	F-4 ファントムIIの科学	青木謙知
356	戦車の戦う技術	木元寛明
340	F-15Jの科学	青木謙知
336	カラー図解でわかる航空力学「超」入門	中村寛治
334	これだけは知りたい旅客機の疑問100	秋本俊二
332	潜水艦の戦う技術	山内敏秀
326	中国航空戦力のすべて	青木謙知
313	ブルーインパルスの科学	赤塚 聡
305	カラー図解でわかる航空管制「超」入門	藤石金彌/著、一般財団法人 航空交通管制協会/監修
303	F-2の科学	青木謙知/著、赤塚 聡/写真
268	カラー図解でわかるクルマのメカニズム	青山元男
267	カラー図解でわかるジェットエンジンの科学	中村寛治
259	徹底検証! V-22オスプレイ	青木謙知
255	ドッグファイトの科学	赤塚 聡
254	鉄道車両の科学	宮本昌幸
249	海上保安庁「装備」のすべて	柿谷哲也
246	ユーロファイター タイフーンの実力に迫る	青木謙知
236	みんなが知りたいLCCの疑問50	秋本俊二
227	ボーイング787まるごと解説	秋本俊二
221	災害で活躍する乗物たち	柿谷哲也
211	世界の傑作旅客機50	嶋田久典
210	第5世代戦闘機F-35の凄さに迫る!	青木謙知
200	世界の傑作戦車50	毒島刀也
192	カラー図解でわかるジェット旅客機の操縦	中村寛治
191	世界最強! アメリカ空軍のすべて	青木謙知
181	知られざる空母の秘密	柿谷哲也
180	自衛隊戦闘機はどれだけ強いのか?	青木謙知
177	みんなが知りたい船の疑問100	池田良穂
172	新幹線の科学	梅原 淳

サイエンス・アイ新書　シリーズラインナップ

170	ボーイング777機長まるごと体験	秋本俊二
154	F1テクノロジーの最前線＜2010年版＞	檜垣和夫
150	カラー図解でわかるジェット旅客機の秘密	中村寛治
148	ジェット戦闘機 最強50	青木謙知
145	カラー図解でわかるクルマのハイテク	高根英幸
144	みんなが知りたい空港の疑問50	秋本俊二
142	AH-64 アパッチはなぜ最強といわれるのか	坪田敦史
140	カラー図解でわかるバイクのしくみ	市川克彦
134	ボーイング787はいかにつくられたか	青木謙知
130	M1エイブラムスはなぜ最強といわれるのか	毒島刀也
126	イージス艦はなぜ最強の盾といわれるのか	柿谷哲也
117	ヘリコプターの最新知識	坪田敦史
094	もっと知りたい旅客機の疑問50	秋本俊二
093	F-22はなぜ最強といわれるのか	青木謙知
090	船の最新知識	池田良穂
060	エアバスA380まるごと解説	秋本俊二
035	みんなが知りたい旅客機の疑問50	秋本俊二
030	カラー図解でわかるクルマのしくみ	市川克彦

IT・PC

302	あなたはネットワークを理解していますか？	梅津信幸
264	図解でかんたんアルゴリズム	杉浦賢
187	iPhone 4&iPad最新テクノロジー	林利明・小原裕太
160	ビックリするほど役立つ!! 理工系のフリーソフト50	大崎誠・林利明・小原裕太・金子雄太
128	あと1年使うためのパソコン強化術	ピーシークラブ
116	デジタル一眼レフで撮る鉄道撮影術入門	青木英夫
115	デジタル一眼レフで撮る四季のネイチャーフォト	海野和男
095	＜図解＆シム＞真空管回路の基礎のキソ	米田聡
026	いまさら聞けないパソコン活用術	大崎誠
022	プログラムのからくりを解く	高橋麻奈
021	＜図解＆シム＞電子回路の基礎のキソ	米田聡
018	進化するケータイの科学	山路達也
016	怠け者のためのパソコンセキュリティ	岩谷宏
015	あなたはコンピュータを理解していますか？	梅津信幸
009	理工系のネット検索術100	田中拓也・芦刈いづみ・飯699崇生
005	パソコンネットワークの仕組み	三谷直之・米田聡

食品		
318	マンガでわかる米の疑問	大坪研一・中村澄子
258	うまい肉の科学	肉食研究会/著　成瀬宇平/監修
183	科学でわかる魚の目利き	成瀬宇平
169	うまいウイスキーの科学	吉村宗之
168	うまいビールの科学	キリンビール広報部 山本武司
167	水と体の健康学	藤田紘一郎
143	酒とつまみの科学	成瀬宇平
099	みんなが気になる食の安全55の疑問	垣田達哉
045	うまい酒の科学	独立行政法人 酒類総合研究所

〈シリーズラインナップは2016年9月時点のものです〉

平面図形と空間図形、そしてその証明まで、
図形を基礎のキソからしっかり理解しよう!

『楽しく学ぶ数学の基礎
―図形分野―〈上：基礎体力編〉』

星田直彦/著

定価
1,200円
（＋税）

三角形や四角形、多角形、円、扇形といった平面図形から、柱体や錐体、正多面体、回転体、球といった空間図形まで、小学校・中学校・高校で学ぶ図形はたくさんあります。図形の学習を嫌いになる理由もわかる気がしますが、じっくり時間をかけて理解していけば、図形のおもしろさ・奥深さにきっと気づくはず。ぜひ本書でその魅力に気づいてくださいね。

第1章　平面図形の基礎
第2章　空間図形の基礎
第3章　「証明」へのいざない

三角形や四角形、相似、三平方の定理まで
個々の図形をもっと深く理解する!

『楽しく学ぶ数学の基礎
―図形分野―〈下:体力増強編〉』

星田直彦/著

定価
1,200円
(+税)

基礎体力編では、図形の基礎のキソを学びました。その力を確かなものにすべく、今度は三角形や四角形、円など個々の図形について、より深く学んでいきましょう。この2冊を何度も繰り返し読み返して「なるほど、そうだったのか!」と思ったとき、あなたが図形に対してもっていた苦手意識は、過去のものとなっているはずです。

　　　　第1章　三角形と四角形
　　　　第2章　相似
　　　　第3章　円
　　　　第4章　三平方の定理

素朴な疑問からゆる～く解説

『マンガでわかる統計学』

大上丈彦/著、メダカカレッジ/監修

6刷！

定価
1,000円
(税込)

統計学というと「なんだか難しそうだな」と思うかもしれませんが、ポイントをしっかり押さえ、あまり本質的でないところにこだわらなければ、誰にでも確実に理解できます。「統計学ってなに？」という素朴な疑問からマンガでゆる～く解説し、読み終わったときには知らないうちに統計学が身についているという、いままでにない統計学の入門書です。

第1章　平均・分散・標準偏差
第2章　正規分布
第3章　いろいろな分布
第4章　推測統計
第5章　仮説検定

中学数学で理解できる!

『マンガでわかる統計入門』

今野紀雄 / 著

2刷!

定価
1,000円
(税込)

「統計学」は一見難しそうにみえますが、実は誰でも日常生活の中で、統計的な考え方をしています。たとえば「おみそ汁の味見」は、一部から全体を「推定」する統計的な手法です。本書は、わかりやすいマンガやイラストを盛り込むことで統計学を体系的に基礎から理解でき、章末問題を解きながらしっかりと身につけられます。統計の世界をぜひ楽しんでください!

第1章	そもそも統計とはなんだろう?	第5章	分布
第2章	データの特徴	第6章	推定
第3章	確率の基礎	第7章	検定
第4章	確率変数	第8章	相関

2次方程式、指数・対数・三角関数がスラスラ解ける!

『おもしろいほどよくわかる 高校数学　関数編』

宮本次郎/著

定価
1,000円
(税込)

　もともと関数は、私たちの身のまわりの現象に注目し、そこで起こる変化の仕方の特徴を表現しようとしてできたものです。本書は、高校数学で学ぶ2次関数・指数関数・対数関数・三角関数について、その関数が生まれた身近な現象から説明し、それぞれの関数の性質を考える過程に多くのページを割きました。これがわかると、どんな関数の問題もグラフを描くことで、意外なほどスラスラ解けるようになるのです。

第1章　1次関数
第2章　2次関数
第3章　指数関数
第4章　対数関数
第5章　三角関数

サイエンス・アイ新書 発刊のことば

「科学の世紀」の羅針盤

　20世紀に生まれた広域ネットワークとコンピュータサイエンスによって、科学技術は目を見張るほど発展し、高度情報化社会が訪れました。いまや科学は私たちの暮らしに身近なものとなり、それなくしては成り立たないほど強い影響力を持っているといえるでしょう。

　『サイエンス・アイ新書』は、この「科学の世紀」と呼ぶにふさわしい21世紀の羅針盤を目指して創刊しました。情報通信と科学分野における革新的な発明や発見を誰にでも理解できるように、基本の原理や仕組みのところから図解を交えてわかりやすく解説します。科学技術に関心のある高校生や大学生、社会人にとって、サイエンス・アイ新書は科学的な視点で物事をとらえる機会になるだけでなく、論理的な思考法を学ぶ機会にもなることでしょう。もちろん、宇宙の歴史から生物の遺伝子の働きまで、複雑な自然科学の謎も単純な法則で明快に理解できるようになります。

　一般教養を高めることはもちろん、科学の世界へ飛び立つためのガイドとしてサイエンス・アイ新書シリーズを役立てていただければ、それに勝る喜びはありません。21世紀を賢く生きるための科学の力をサイエンス・アイ新書で培っていただけると信じています。

2006年10月

※サイエンス・アイ（Science i）は、21世紀の科学を支える情報（Information）、
知識（Intelligence）、革新（Innovation）を表現する「 i 」からネーミングされています。

SB Creative

science・i

サイエンス・アイ新書
SIS-366

http://sciencei.sbcr.jp/

90分で実感できる
微分積分の考え方

2016年10月25日　初版第1刷発行

著　者	宮本次郎
発行者	小川　淳
発行所	SBクリエイティブ株式会社
	〒106-0032　東京都港区六本木2-4-5
	電話：03-5549-1201（営業部）
装丁・組版	クニメディア株式会社
印刷・製本	図書印刷株式会社

乱丁・落丁本が万が一ございましたら、小社営業部まで着払いにてご送付ください。送料小社負担にてお取り替えいたします。本書の内容の一部あるいは全部を無断で複写（コピー）することは、かたくお断りいたします。本書の内容に関するご質問等は、小社科学書籍編集部まで必ず書面にてご連絡いただきますようお願いいたします。

©宮本次郎　2016　Printed in Japan　ISBN 978-4-7973-8643-1

= SB Creative